Nicolas Guillot

Propriétés optiques de nanoparticules métalliques et nanocapteurs

AF092412

Nicolas Guillot

Propriétés optiques de nanoparticules métalliques et nanocapteurs

Vers un outil de détection optique ultra-précoce et direct

Presses Académiques Francophones

Impressum / Mentions légales
Bibliografische Information der Deutschen Nationalbibliothek: Die Deutsche Nationalbibliothek verzeichnet diese Publikation in der Deutschen Nationalbibliografie; detaillierte bibliografische Daten sind im Internet über http://dnb.d-nb.de abrufbar.
Alle in diesem Buch genannten Marken und Produktnamen unterliegen warenzeichen-, marken- oder patentrechtlichem Schutz bzw. sind Warenzeichen oder eingetragene Warenzeichen der jeweiligen Inhaber. Die Wiedergabe von Marken, Produktnamen, Gebrauchsnamen, Handelsnamen, Warenbezeichnungen u.s.w. in diesem Werk berechtigt auch ohne besondere Kennzeichnung nicht zu der Annahme, dass solche Namen im Sinne der Warenzeichen- und Markenschutzgesetzgebung als frei zu betrachten wären und daher von jedermann benutzt werden dürften.

Information bibliographique publiée par la Deutsche Nationalbibliothek: La Deutsche Nationalbibliothek inscrit cette publication à la Deutsche Nationalbibliografie; des données bibliographiques détaillées sont disponibles sur internet à l'adresse http://dnb.d-nb.de.
Toutes marques et noms de produits mentionnés dans ce livre demeurent sous la protection des marques, des marques déposées et des brevets, et sont des marques ou des marques déposées de leurs détenteurs respectifs. L'utilisation des marques, noms de produits, noms communs, noms commerciaux, descriptions de produits, etc, même sans qu'ils soient mentionnés de façon particulière dans ce livre ne signifie en aucune façon que ces noms peuvent être utilisés sans restriction à l'égard de la législation pour la protection des marques et des marques déposées et pourraient donc être utilisés par quiconque.

Coverbild / Photo de couverture: www.ingimage.com

Verlag / Editeur:
Presses Académiques Francophones
ist ein Imprint der / est une marque déposée de
OmniScriptum GmbH & Co. KG
Heinrich-Böcking-Str. 6-8, 66121 Saarbrücken, Deutschland / Allemagne
Email: info@presses-academiques.com

Herstellung: siehe letzte Seite /
Impression: voir la dernière page
ISBN: 978-3-8416-2342-3

Copyright / Droit d'auteur © 2013 OmniScriptum GmbH & Co. KG
Alle Rechte vorbehalten. / Tous droits réservés. Saarbrücken 2013

Propriétés optiques de nanoparticules métalliques et nanocapteurs

Nicolas Guillot

Université Paris 13

Institut Galilée

Laboratoire De Chimie, Structure, Propriétés De Biomatériaux et d'Agents Thérapeutiques

Thèse présentée par

Nicolas Guillot

pour obtenir le grade de

Docteur en Sciences de l'Université Paris 13

Sujet de thèse :

Propriétés optiques de nanoparticules métalliques et application aux nanocapteurs par exaltation de surface

Soutenue le 14 décembre 2012 devant le jury composé par :

M.	Pietro G. Gucciardi, rapporteur	CNR-IPCF de Messine
M.	Nordin Felidj, rapporteur	Université Paris 7
M.	Andreas Otto, examinateur	Université de Düsseldorf
M.	Dominique Barchiesi, examinateur	Université de technologie de Troyes
M.	Timothée Toury, examinateur	Université de technologie de Troyes
M.	Emmanuel Rinnert, examinateur	Ifremer
M.	Nathalie Charnaux, examinateur	Université Paris 13
M.	Marc lamy de la chapelle, directeur de thèse	Université Paris 13

A tous ceux qui m'ont mené et à ce qui m'a mené là où je suis aujourd'hui.

Ma thèse, des expériences, un guide parmi tant d'autres.

Ne soyez pas là où on vous attend.

Merci.

Remerciements

J'adresse mes premiers remerciements à Mme Véronique Migonney, directrice du laboratoire CSPBAT, pour m'avoir permis de mener mes travaux au sein de son laboratoire. J'ai été très admiratif de la patience et la passion avec lesquelles je l'ai vu mener cette unité.

Je suis très reconnaissant envers Marc Lamy de la Chapelle, directeur de thèse, de la « grande » confiance, du soutien et du temps qu'il m'a accordé durant ces trois années. J'ai eu grâce à lui la chance de mener une thèse que je qualifierais de « privilégiée » dans la mesure où tous les ingrédients d'une formation complète au métier d'enseignant-chercheur m'ont été apportés. Cela comprend (i) les enseignements, la correction de copies et la surveillance d'examen par l'intermédiaire du monitorat (ii) la possibilité d'encadrer « quelques » stagiaires de leur accueil jusqu'à leur soutenance (i et ii étant d'excellents moyens de découvrir si on a oui ou non la fibre pédagogique) (iii) une grande liberté dans les expériences à mener et leur valorisation par la rédaction d'articles, de revues et de chapitre de livre mais également la participation à des conférences nationales et surtout « quelques » internationales (!). Marc m'a également accordé sa confiance pour rédiger et présenter une partie des travaux de notre équipe lors des réunions de consortium biannuelles du projet européen Nanoantenna. La réalité étant toute autre pour bon nombre de mes camarades, rien que pour cela, je le remercie.

Je remercie M. Andreas Otto d'avoir accepté de présider mon jury de thèse et Nordin Felidj d'avoir pris le temps de rapporter mon travail de thèse. Je tiens à remercier particulièrement Pietro Giusseppe Gucciardi d'avoir, d'une part, également rapporté ce travail et d'autre part, pour ses efforts et sa capacité à mettre ses explications à la portée de tous, pour sa passion et son énergie portée à la Recherche et sa bonne humeur permanente.

Je souhaite également remercier Dominique Barchiesi et Timothée Toury pour, avant tout, m'avoir formé (je suis en effet un pur produit de leurs enseignements dans feu les UVs : MS11, PS23, MA02, MA03 et DS01 (rien que ça !)) de l'UTT. Je remercie Timothée pour ses conseils lors du choix du stage de fin d'étude d'ingénieur mais également pour le choix du sujet de thèse. Enfin, je les remercie tous les deux de faire partie de mon jury.

J'adresse également mes remerciements à Emmanuel Rinnert pour avoir accepté de faire partie de mon jury et, à travers lui, les membres de l'IFREMER dont notamment Olivier Péron et Florent Colas. Je remercie Nathalie Charnaux d'avoir également accepté de faire partie de ce jury.

Ces remerciements vont également aux membres de l'équipe de physique du laboratoire que j'ai vu arriver un par un et avec qui j'ai partagé de nombreux bons moments (réunions animées, moins animées, houleuses ou joviales, restaurants, piques-niques et bowling !) : Catalina David (dresseuse de stagiaires et experte en blagues pas très nettes), Lucie Vaucel (ouvrait la porte de la salle de manip en émettant des sons étranges et maniait la langue de Lao Tseu comme personne), Nathalie Lidgi-Guigui (m'a fait aller chercher des bandes dessinées en Sicile), Nadia Oudjhara (pose en photo avec le premier grand physicien venu) et Claire Lemoigne (professeur de freesbee pour élève pas doué). Je remercie chaleureusement tous mes compagnons journaliers de l'équipe pour tous les bons moments passés : Néné Thioune, Claudine Wulfman, Maximilien Cottat, Sadequa Sultana et Inga Tijunelyte.

Aussi, je souhaite remercier les membres du projet européen Nanoantenna et en particulier ceux avec qui j'ai pu échanger et évoluer directement durant ces trois ans : Hong Shen, Sameh Kessentini, Cristiano D'andrea, Barbara Fazio, Remo Zaccaria, Andrea Toma, Ruta Grinyte, Natalia Malashikhina, Gaizka Garai, Frank Neubrech et Jörg Bochterle.

Je remercie tous les autres compagnons de thèse et en particulier Catherine Lambert, Souad Kachbi, Sophiane Oughlis, Soucounda Lessim, Caroline de Montferrant, Stéphane Saint-Georges, Taycir Skhiri et Hamza Bouzkra pour tous nos moments partagés durant ces trois dernières années.

Je remercie enfin Horea Porumb, Edith Hantz et Bei Wen Sun pour leur aide dans la préparation des travaux pratiques de physique ainsi que Pablo, mon copilote de TP.

Table des matières

Introduction 13

Chapitre 1 : Exaltation de surface par une nanoantenne 19
    1.1 Introduction 21
    1.2 Rappels d'électromagnétisme 23
    1.3 L'antenne parfaite 40
    1.4 La nanoantenne 43
    1.5 Diffusion Raman exaltée de surface par une nanoantenne 78
    1.6 Fabrication des substrats pour spectroscopies exaltées par nanolithographie 86
    1.7 Conclusion 99

Chapitre 2 : Optimisation de substrats nanolithographiés actifs en DRES 109
    2.1 Principe d'optimisation du signal DRES 111
    2.2 Effet de la longueur d'onde d'excitation 124
    2.3 Effet de la couche d'accroche des nanoparticules d'or sur un substrat de verre 143
    2.4 Création de substrats insensibles à la polarisation du champ électrique incident 155
    2.5 Synthèse finale : Configuration optimale de substrats nanolithographiés 165

Chapitre 3 : Mise en valeur des caractéristiques d'un nanocapteur : Etude du confinement des plasmons de surface localisés dans une nanoantenne **173**
 3.1 Introduction 175
 3.2 Capteurs par résonance de plasmons de surface localisés 177
 3.3 Etude du confinement du champ électromagnétique local par couplage champ proche de nanoantennes 186
 3.4 Conclusion 232

Conclusion générale **239**

Production scientifique **242**

Annexes **247**

Introduction

« Mieux vaut prévenir que guérir » : précaution et anticipation ! Couramment utilisé dans de nombreuses phases de la vie de tous les jours, cet adage invite tout aussi bien à la responsabilité de ses actes qu'à la détection précoce de difficultés afin de ne pas à avoir à en subir les répercussions. Dans le domaine de la Santé, c'est ce qui permet de distinguer en partie les cultures occidentales et orientales. Certaines de ces dernières vont historiquement avoir tendance à se diriger vers des comportements préventifs afin d'éviter au mieux toute apparition de pathologies. La diététique chinoise en est un excellent exemple. Les comportements proactifs de l'Orient s'opposent ainsi aux comportements réactifs de l'Occident en matière de Santé. Le meilleur exemple d'aboutissement du comportement réactif de la Médecine occidentale a été bien entendu le développement de la Chirurgie, capable de réparer un corps ayant fait face aux aléas de la vie. Néanmoins, le développement de l'industrie pharmaceutique, la surconsommation des médicaments ainsi que leurs effets secondaires sont également issus de cette philosophie réactionniste.

L'introduction de la prévention en termes de santé en Occident passerait donc par un changement massif des comportements de la vie de tous les jours appuyé par les progrès de la recherche scientifique.

Introduction

En effet, tandis que les efforts de recherche en termes de santé continuent à être menés pour le développement de traitements contre de nombreuses pathologies, une part de ces efforts est désormais dévolue à l'aspect préventif. L'idée est simple : si je suis capable de détecter une maladie à l'état de trace bénignes dans le corps, j'ai potentiellement plus de chance de pouvoir soit éviter qu'elle ne se développe ou soit de la traiter au plus tôt. Nous tenons donc, sur le papier, un concept extrêmement prometteur permettant, si ce n'est de guérir, de pouvoir améliorer l'efficacité des traitements ou de les alléger significativement (effets secondaires). De plus, de nombreuses pathologies peuvent être détectées par l'intermédiaire de composés biologiques appelés biomarqueurs considérés comme étant des indicateurs de leur présence. Beaucoup d'entre eux, comme ceux représentant certaines maladies cardio-vasculaires et certains cancers, existent sous forme de protéine naviguant des les fluides corporels (sang, salive,...). On comprend alors que l'étape clé du concept préventif réside en la détection de ces protéines. Cependant, une détection à l'état de trace dans un milieu physiologique requière le développement d'outils de diagnostique extrêmement sensibles et spécifiques de la protéine recherchée.

Dans l'optique de relever ce défis, la méthode immuno-enzymatique ELISA est très largement utilisée. C'est une technique biochimique utilisée depuis la fin des années 1960 et qui requière l'utilisation de plusieurs anticorps. Dans la forme « sandwich » (en anglais double antibody sandiwch, DAS) de l'ELISA, un anticorps dit de « capture », spécifique de l'antigène recherché, est fixé à une surface de travail. Cette surface rendue sensible est ensuite mise en présence d'un échantillon à analyser.

Introduction

Tout antigène d'intérêt présent dans celui-ci est capté par l'anticorps. L'étape suivante consiste à déposer un autre anticorps dit de « détection » sur l'antigène avant qu'un dernier anticorps lié à une enzyme ne s'y attache. Cette enzyme agit comme un marqueur révélant indirectement la présence de l'antigène sous forme colorée ou fluorescente. Cette méthode permet couramment d'atteindre des détections de concentration de l'ordre du nanomol par litre mais nécessite néanmoins la présence d'un marqueur, qualifiant ainsi « d'indirecte » la méthode de détection ELISA. D'autre part, l'efficacité de détection dépend fortement de l'affinité anticorps-antigène et des attachements non-spécifiques qui peuvent survenir.

Depuis plus de dix ans, des méthodes de détection « directes » (sans marqueurs) se développent. Celles basées sur l'exploitation des propriétés optiques des matériaux métalliques ont démontré leur capacité à concurrencer la méthode ELISA. Soumis à un rayonnement incident, les électrons d'un matériau métallique, naturellement peu liés aux noyaux des atomes, oscillent de manière collective créant ainsi une onde que l'on nomme *plasmon*. Cette onde peut être rencontrée, sous des conditions particulières, à l'interface entre le matériau métallique et son milieu environnant la qualifiant ainsi de *plasmon de surface*. Le choix particulier de travailler avec un matériau métallique de taille nanométrique empêche toute propagation de cette onde. On dit qu'elle est *confinée* et elle prend alors le nom de *plasmon de surface localisé (PSL)*. D'une manière générale, ce dernier a la particularité de renforcer localement le champ électromagnétique incident. En revanche, il n'est que l'application d'une énergie de rayonnement incident strictement égale à celle du plasmon de surface localisé qui puisse donner lieu à la condition de *résonance des plasmons de surface localisés (RPSL)*.

On préferera alors parler d'*exaltation* locale du champ électromagnétique au lieu de « renforcement ». De part sa nature évanescente, celui-ci décroit exponentiellement en s'éloignant de la nanoparticule métallique. Cette dernière devient alors la « surface de travail » évoquée plus haut dans la méthode ELISA. Cette exaltation locale du champ électromagnétique rend extrêmement sensible la nanoparticule métallique à toute variation dans son milieu environnant : le dépôt d'une protéine par exemple. Cette dernière peut alors être détectée de différentes manières : (i) la présence de la protéine perturbe directement l'oscillation collective des électrons du métal. La longueur d'onde de RPSL est alors décalée. Ainsi, la mesure de ce décalage donne naissance au capteur par RPSL. (ii) une grande famille de capteurs se base sur un phénomène d'interaction rayonnement-matière comme la fluorescence, la diffusion Raman ou l'absorption infrarouge, lesquels peuvent bénéficier de la forte exaltation local du champ électromagnétique. Ils donnent respectivement naissance aux capteurs par fluorescence exaltée de surface (FES), par diffusion Raman exaltée de surface (DRES) et par absorption infrarouge exaltée de surface (AIES). L'utilisation de nanoparticules métalliques donne ainsi à cette famille de capteurs la possibilité de pouvoir détecter des protéines à l'échelle de traces de manière directe avec une possibilité de miniaturisation compte tenu de la taille réduite des nanoparticules. Dans le cas de la DRES, la nature de la détection directe vient de l'identification précise des fréquences de résonances des vibrations de chaque élément constituant la protéine observée et spécifique de celle-ci. En présence d'une nanoparticule métallique, ces informations (habituellement inaccessibles à l'état de traces du au faible rendement de la diffusion Raman) sont alors plus ou moins amplifiées en fonction de la proximité avec les conditions de résonance exposées précédemment.

Le travail décrit dans ce manuscrit provient de la volonté de créer et d'optimiser l'efficacité de capteurs basés sur la RPSL. Le premier chapitre permet de poser les bases précises concernant les PSL et de comprendre l'origine de l'exaltation du champ électromagnétique. Ces explications de bases s'étendront à la DRES et seront ponctuées par la description de la nanolithographie permettant le contrôle de la géométrie des nanoparticules métalliques et, par extension, le contrôle de la position de RPSL.

La position de RPSL conditionne l'exaltation locale du champ électromagnétique et sa variation affecte alors nécessairement l'efficacité de ces capteurs. Il devient alors intéressant de pouvoir identifier et contrôler les paramètres influençant ces variations. Cela donnera lieu au deuxième chapitre qui se focalisera notamment sur l'optimisation de la DRES par les mesures caractérisant les RPSL (champ lointain) et DRES (champ proche).

Un autre point très important concerne « l'allure » du champ électromagnétique local autour de la nanoparticule. Nous avons vu que son amplitude diminue de manière extrêmement rapide en s'éloignant de la surface de la nanoparticule. Par conséquent, un champ local fortement exaltant n'est en rien efficace s'il ne couvre pas la protéine à détecter. Le dernier chapitre est donc dévolu à l'étude du confinement du champ électromagnétique par la caractérisation de son amplitude, donnant au capteur sa sensibilité, et sa « portée », rendant ce même capteur sensible à une partie ou à l'intégralité d'une protéine.

Introduction

Chapitre 1

Exaltation de surface par une nanoantenne

Sommaire

1.1 Introduction	21
1.2 Rappels d'électromagnétisme	23
1.2.1 L'onde électromagnétique dans le vide	23
1.2.2 L'onde électromagnétique dans la matière	25
1.3 L'antenne parfaite	40
1.4 La nanoantenne	43
1.4.1 Les plasmons de surface	43
1.4.2 La nanoantenne sphérique dans la théorie de Mie	49
1.4.3 La nanoantenne sphérique dans l'approximation quasi-statique (AQS)	52
1.4.4 La nanoantenne sphérique dans l'AQS corrigée au premier ordre	60
1.4.5 La nanoantenne non sphérique dans l'AQS sans corrections au premier ordre	65
1.4.6 La nanoantenne non sphérique dans l'AQS corrigée au premier ordre	73
1.4.7 Couplage champ lointain et champ proche de nanoantennes	74

1.5 DIFFUSION RAMAN EXALTÉE DE SURFACE PAR UNE
    NANOANTENNE 78
    1.5.1 La diffusion Raman 78
    1.5.2 La diffusion Raman exaltée de surface (DRES) 79

1.6 FABRICATION DES SUBSTRATS POUR SPECTROSCOPIES
    EXALTÉES PAR NANOLITHOGRAPHIE 86
    1.6.1 Substrats présentant des RPSL 86
    1.6.2 Nanolithographies conventionnelles 88
    1.6.3 Nanolithographies non conventionnelles 94

1.7 CONCLUSION 99

    BIBLIOGRAPHIE 101

LE CHAPITRE EN QUELQUES QUESTIONS

-Qu'est-ce qu'une nanoantenne ?

-D'où provient l'exaltation du champ électromagnétique fournie par celle-ci et quels sont les paramètres influençant l'intensité de ce phénomène ?

-Quelles sont les différentes techniques de fabrication permettant un contrôle précis de ces paramètres ?

-En quoi la conjugaison de nanoantennes et du phénomène de diffusion Raman peut-il faire office de capteur ?

1.1 Introduction

L'introduction générale permet de comprendre que l'élément central décrit dans ce manuscrit concerne le principe d'exaltation du champ électromagnétique à proximité d'une nanoparticule métallique. C'est justement ce phénomène qui va permettre à une information située à l'échelle nanométrique d'atteindre notre « monde » macroscopique. Les nanoparticules métalliques jouent alors le rôle d'*antenne*, principe situé au cœur de ce premier chapitre.

C'est Heinrich Hertz [1] en 1886 qui construisit pour la première fois un dispositif métallique d'émission/réception permettant de montrer l'existence des ondes électromagnétiques prédites par James Clerk Maxwell. Guglielmo Marconi donna par la suite le nom d'antenne à ce dispositif. Dans une considération tout à fait générale, une antenne peut être définie comme l'interface permettant la conversion réciproque d'une grandeur électromagnétique dans l'espace en une grandeur électrique dans un conducteur. Tout conducteur d'électricité peut faire office d'antenne de plus ou moins bonne qualité (d'un fil de fer jusqu'au corps humain). Une antenne peut être ainsi un simple bout de fil mais qui aura une longueur en rapport avec la longueur d'onde du signal à capter ou à émettre. Il s'agit enfin d'un élément passif qui se contente de diffuser le signal reçu dans une direction donnée sans changer son contenu. L'utilisation du principe d'antenne est d'une manière générale connue dans les domaines de fréquence radio et micro-ondes. Elle peut également être étendue au domaine optique où elle trouve des applications dans les domaines des capteurs optiques, de la microscopie et de la spectroscopie haute-résolution, du photovoltaïque ou encore des lasers. Néanmoins, l'utilisation de « l'effet d'antenne » dans ce domaine optique (du proche ultraviolet au proche infrarouge) reste jusqu'à présent peu explorée. En effet, il s'avère que le passage des fréquences radio aux fréquences optiques représente un défi technologique, car les dimensions de l'antenne doivent être de l'ordre de grandeur des fréquences émises/reçues (échelle nanométrique), mais également physique, car les conditions de résonance de ces antennes aux fréquences optiques changent drastiquement par rapport à celles connues aux plus faibles fréquences comme nous le verrons plus tard dans ce chapitre.

Ce que nous avons décrit ci-dessus entre dans le cadre d'un concept plus général de la physique : l'interaction rayonnement-matière. Nous proposons de débuter par la description de la propagation d'une onde électromagnétique dans le vide par l'intermédiaire des équations de Maxwell. Nous ferons ensuite interagir cette onde avec un élément de matière à l'échelle microscopique avant d'étendre l'explication à l'échelle macroscopique. Cela nous permettra d'introduire toutes les notions liées à la réponse d'un matériau à un rayonnement incident. Il s'agit dans un premier temps d'une considération très générale valable pour tous les matériaux. Cela nous permettra d'extraire par la suite le cas particulier d'un matériau métallique constituant les antennes que nous étudions dans ce chapitre. Nous réduirons ensuite ce matériau métallique à l'échelle nanométrique en observant l'interaction rayonnement-matière particulière qui intervient à cette échelle. Le phénomène d'exaltation sera ainsi mis en valeur nous permettant d'aborder le principe de diffusions Raman exaltée de surface (DRES) par une nanoantenne.

Ce manuscrit mettant l'accent sur l'importance de la position de la résonance des plasmons de surface localisé (RPSL), nous décrirons les principales techniques de nanolithographies utilisées dans ce but pour ponctuer ce chapitre.

1.2 Rappels d'électromagnétisme

1.2.1 L'onde électromagnétique dans le vide

Lorsque le terme « rayonnement incident » est utilisé [2], il décrit ici une onde électromagnétique variant dans le temps t et l'espace r et définie par trois vecteurs perpendiculaires les uns par rapport aux autres avec:

- $\boldsymbol{k}$: son *vecteur d'onde*, avec $k = \frac{2\pi}{\lambda_0}$ (en rad.m^{-1}) son module qui peut être vu comme une « pulsation spatiale » et λ_0 la longueur d'onde d'excitation. La direction et le sens de $\boldsymbol{k}$ indiquent la direction de propagation de l'onde;

- $\boldsymbol{E}(t,\boldsymbol{r})$: son champ électrique associé indiquant également la direction de polarisation (en V.m^{-1});

- $\boldsymbol{B}(t,\boldsymbol{r})$: son excitation magnétique associée (en Tesla).

$\boldsymbol{E}$ et $\boldsymbol{B}$ sont des champs oscillant dans le temps et dans l'espace.

L'onde électromagnétique correspond à une propagation d'énergie dans le temps et l'espace. Cette propagation peut s'effectuer dans le vide contrairement aux ondes mécaniques ou acoustiques qui nécessitent un support matériel.

J. C. Maxwell, en 1888, appliqua les opérateurs de divergence et de rotationnel aux champs $\boldsymbol{E}$ et $\boldsymbol{B}$ et il en déduisit les équations suivantes :

$$\begin{cases} \boldsymbol{rot}(\boldsymbol{E}) = -\frac{\partial \boldsymbol{B}}{\partial t} \\ div(\boldsymbol{E}) = 0 \end{cases} \text{et} \quad \begin{cases} \boldsymbol{rot}(\boldsymbol{B}) = \frac{1}{c^2}\frac{\partial \boldsymbol{E}}{\partial t} \\ div(\boldsymbol{B}) = 0 \end{cases} \qquad (1)$$

Ici, l'application de l'opérateur rotationnel signifie que dès qu'un des deux vecteurs varie au cours du temps, l'autre varie dans l'espace. L'application de l'opérateur divergence correspond quant à lui à une propagation libre des ondes, sans accumulation de charges dans une zone précise de l'espace.

On note ici l'interdépendance des champs $\boldsymbol{E}$ et $\boldsymbol{B}$ bien que ceux-ci peuvent être découplés. En effet, si on applique encore une fois l'opérateur rotationnel au rotationnel du champ $\boldsymbol{E}$, on obtient l'expression suivante :

$$\boldsymbol{rot}\left(\boldsymbol{rot}(\boldsymbol{E})\right) + \frac{1}{c^2}\frac{\partial^2 \boldsymbol{E}}{\partial t^2} = \boldsymbol{0} \qquad (2)$$

Le laplacien Δ_L apparaît en traitant le rotationnel du rotationnel et le gradient de la divergence :

$$\Delta_L \boldsymbol{E} - \frac{1}{c^2}\frac{\partial^2 \boldsymbol{E}}{\partial t^2} = 0 \qquad (3)$$

Une équation similaire peut être trouvée pour l'excitation magnétique $\boldsymbol{B}$. Ces équations sont appelées équations de Helmhlotz et décrivent l'évolution spatio-temporelle d'une onde se propageant dans une direction donnée avec une célérité c. Elles admettent des solutions particulières de type ondes monochromatiques (une seule pulsation) et planes (le vecteur d'onde est orienté dans une direction unique et le front d'onde est un plan) et les deux champs **E** et **B** d'amplitude respective $\boldsymbol{E_0}$ et $\boldsymbol{B_0}$ s'écrivent alors sous la forme:

$$\boldsymbol{E(t,r)} = \boldsymbol{E_0} e^{[i(k.r-\omega t)]} \quad \text{et} \quad \boldsymbol{B(t,r)} = \boldsymbol{B_0} e^{[i(k.r-\omega t)]} \qquad (4)$$

avec : $\omega = \dfrac{2\pi}{T}$ la pulsation temporelle en rad.s^{-1} et T, la période.

En introduisant les équations (4) dans les équations de Helmholtz (3), on obtient la relation de dispersion du vide:

$$\boldsymbol{k.k} = \dfrac{\omega^2}{c^2} \qquad (5)$$

On en déduit l'expression de la droite de lumière :

$$\omega = ck \qquad (6)$$

En introduisant les équations (4) dans les équations de Maxwell (1), on trouve la relation sur les amplitudes des deux vecteurs :

$$\|\boldsymbol{E_0}\| = \dfrac{\omega}{k} \|\boldsymbol{B_0}\| = c \|\boldsymbol{B_0}\| \qquad (7)$$

Nous venons de donner une description du comportement d'une onde électromagnétique dans le vide mais que se passe-t-il lorsque cette onde pénètre dans un milieu matériel ?

1.2.2 L'onde électromagnétique dans la matière

Au niveau microscopique, l'interaction de l'onde électromagnétique peut être décrite par le modèle de Lorentz qui donne la réponse de la matière en fonction de la fréquence du rayonnement incident. Cette réponse est décrite par ε_r appelée permittivité relative ou constante diélectrique.

Le cas considéré ici est dit linéaire dans la mesure où la réponse du milieu est proportionnelle à l'excitation.

Une base essentielle de ce concept est la description de la matière comme un résonateur constitué d'un ensemble d'oscillateurs ayant chacun leur fréquence de résonance, c'est-à-dire, une fréquence pour laquelle l'interaction avec le rayonnement incident est maximale.

Considérons pour commencer le cas simple d'un électron et d'un noyau atomique. Si une onde électromagnétique interagit avec l'atome, une force s'exerce sur le couple électron-noyau : c'est la force de Lorentz $\boldsymbol{F_L}$ qui dépend des deux champs $\boldsymbol{E}$ et $\boldsymbol{B}$ de l'onde électromagnétique:

$$\boldsymbol{F_L} = q\boldsymbol{E} + q\boldsymbol{v} \wedge \boldsymbol{B} \tag{8}$$

avec q, la charge de l'électron et $\boldsymbol{v}$ sa vitesse.

A partir de la relation (7) et sachant que la vitesse de l'électron est bien inférieure à celle de l'onde incidente, nous pouvons en déduire que le deuxième terme de l'expression de $\boldsymbol{F_L}$ est négligeable par rapport au premier terme. La force de Lorentz se réduit alors à la force de coulomb $\boldsymbol{F_C}$ telle que :

$$\boldsymbol{F_L} \approx q\boldsymbol{E} = \boldsymbol{F_C} \tag{9}$$

Dans la mesure où la masse de l'électron est très faible par rapport à celle du noyau, nous pouvons considérer que cette force ne met que l'électron en mouvement par rapport au noyau. En fait, alors que la matière est soumise à un champ électrique extérieur incident E_i l'électron voit localement d'un champ E_l. Ce champ local est constitué du champ incident E_i mais également du champ de dépolarisation E_r créé par les autres charges du matériau en réaction à E_i. Si le matériau est en équilibre mécanique, il ne se déplace pas et on peut alors considérer que le champ appliqué à l'électron est l'opposé du champ de dépolarisation. Le champ local s'exprime alors :

$$E_l = E_i - E_r \tag{10}$$

La variation temporelle du champ électrique local E_l est définie par :

$$E_l(t) = E_0 e^{-i\omega t} \tag{11}$$

avec ω, la pulsation de l'onde incidente.

Remarque : Une onde est définie par une variation temporelle et spatiale des champs introduits précédemment. Ici, seule la variation temporelle est prise en compte dans la mesure où la taille de l'électron est extrêmement faible si on la compare à une longueur d'onde excitatrice dans le visible (que nous traiterons par la suite).

La force de Coulomb associée s'écrit alors:

$$F_C(t) = qE_0 e^{-i\omega t} \tag{12}$$

Au vu de l'expression de F_c, celle-ci va faire osciller l'électron à la fréquence du champ excitateur.

Deux forces s'appliquent également à l'électron et viennent s'ajouter à la force de Coulomb:

- Une *force élastique* F_e (dite de rappel) qui s'oppose au déplacement de l'électron et qui dépend de l'éloignement de l'électron autour de sa position d'équilibre x_0. Elle s'écrit :

$$F_e = -\alpha x \tag{13}$$

avec α, la *constant de rappel* et x, le vecteur déplacement par rapport à la position d'équilibre. Cette force aura pour effet de ramener l'électron à sa position d'équilibre.

- Une *force d'amortissement des oscillations* F_f (dite de frottement visqueux) représentant l'interaction de ce couple électron-noyau avec les couples voisins. Elle s'oppose à la vitesse $\dot{x}$ et s'écrit :

$$F_f = -\gamma \dot{x} \tag{14}$$

avec γ la *constante de viscosité*.

Appliquons maintenant la relation fondamentale de la dynamique à cet électron de masse m et de charge $-|e|$, situé à une distance moyenne x_0 du noyau atomique. Nous supposerons que le champ E_0 est polarisé linéairement et qu'il est constant au cours du temps.

Ainsi, les forces peuvent se présenter sous une forme scalaire et l'application de la relation fondamentale de la dynamique donne l'accélération $\ddot{x}$ de l'électron sous la forme :

$$m\ddot{x} = -\gamma\dot{x} - \alpha x - |e|E_0 e^{-i\omega t} \tag{15}$$

En régime permanent, l'électron va donc osciller autour de sa position moyenne avec une amplitude $x_0(\omega)$ qui dépendra de la pulsation du champ excitateur :

$$x(t) = x_0(\omega)e^{-i\omega t} \tag{16}$$

avec :

$$x_0(\omega) = \frac{|e|E_0}{m} \frac{1}{\omega^2 + i\gamma_m \omega - \alpha_m} \tag{17}$$

et avec :

- $\gamma_m = \frac{\gamma}{m}$, une constante réduite homogène à une pulsation, liée aux frottements visqueux issus des collisions entre les électrons et les noyaux atomiques et historiquement le seul facteur pris en compte dans le modèle de Drude (1900) en plus de la force de Coulomb ([3-4]);

- $\alpha_m = \frac{\alpha}{m}$, une constante réduite homogène au carré d'une pulsation, liée à la liaison élastique entre l'électron et le noyau atomique et prise en considération dans le modèle de Lorentz quelques années plus tard (1905, [5]). On l'appellera par la suite ω_0^2 avec ω_0, la fréquence de résonance du système non amorti ou *fréquence propre*.

L'application d'un champ électrique déplace donc l'électron de sa position d'origine créant un emplacement vide de charge assimilable à une charge positive. Ce nouveau couple induit est appelé *dipôle*. On caractérise ce déplacement de charge par le *moment dipolaire* **p** défini comme le produit de la charge déplacée (ici l'électron de charge -$|e|$) par le déplacement x de cette charge dans la direction **u** du champ local:

$$\bm{p} = -|e|x\bm{u} \qquad (18)$$

Et s'exprime donc en remplaçant x par sa valeur comme:

$$\bm{p} = \frac{-|e|^2}{m(\omega^2 + i\gamma_m\omega - \omega_0^2)} \bm{E}_l \qquad (19)$$

Le terme situé avant le champ électrique local se définit alors comme la *polarisabilité* du dipôle considéré tel que :

$$\bm{p} = \alpha\varepsilon_0 \bm{E}_l \qquad (20)$$

et la polarisabilité s'exprime donc sous la forme:

$$\alpha = \frac{-|e|^2}{m\varepsilon_0(\omega^2 + i\gamma_m\omega - \omega_0^2)} \qquad (21)$$

En passant maintenant de l'échelle nanoscopique à l'échelle macroscopique (matériau massif), un très grand nombre N d'électrons par unité de volume est à considérer. La polarisation **P** de la matière peut maintenant être introduite.

Elle dépend du champ local E_l:

$$P = Np = N\alpha\varepsilon_0 E_l \qquad (22)$$

En supposant que la polarisation induite est également proportionnelle au champ incident, P peut maintenant s'écrire de la manière suivante :

$$P = \chi\varepsilon_0 E_i \qquad (23)$$

avec χ, la *susceptibilité électrique*. Cette polarisation créée donc une champ interne induit dans le matériau qui s'additionne au champ incident et résulte en un champ *effectif* caractéristique du matériau observé. La réponse globale du matériau peut s'exprimer par D appelé *excitation électrique* :

$$D = \varepsilon_0 E_i + P \qquad (24)$$

En introduisant l'expression de la polarisation en fonction de la susceptibilité électrique dans l'expression précédente, on obtient :

$$D = (\varepsilon_0 + \chi\varepsilon_0)E_i = \varepsilon E_i = \varepsilon_0\varepsilon_r E_i \qquad (25)$$

avec ε, la *permittivité électrique* : $\varepsilon = \varepsilon_0(1 + \chi)$ et ε_r la *permittivité électrique relative ou constante diélectrique*. Sa dépendance en pulsation ω s'exprime sous la forme :

$$\varepsilon_r = 1 + \frac{|e|^2 N}{m\varepsilon_0(\omega_0^2 - \omega^2 - i\gamma_m \omega)} = 1 - N\alpha = 1 + \chi \tag{26}$$

Ainsi, ε_r donne directement la réponse d'un matériau donné sous un champ électromagnétique incident.

On peut également constater que ε_r est complexe et peut se réécrire sous la forme suivante :

$$\varepsilon_r = Re(\varepsilon_r) + iIm(\varepsilon_r)$$

$$\varepsilon_r = 1 - \omega_p^2 \left[\frac{\omega^2 - \omega_0^2}{(\omega^2 - \omega_0^2)^2 + (\omega\gamma_m)^2} - i\frac{\omega\gamma_m}{(\omega^2 - \omega_0^2)^2 + (\omega\gamma_m)^2} \right] \tag{27}$$

avec $\omega_p = \left(N\frac{|e|^2}{m\varepsilon_0}\right)^{1/2}$, *la fréquence plasma.*

La figure 1.1 permet de mettre en évidence les comportements diélectriques, métalliques et transparents de la matière.

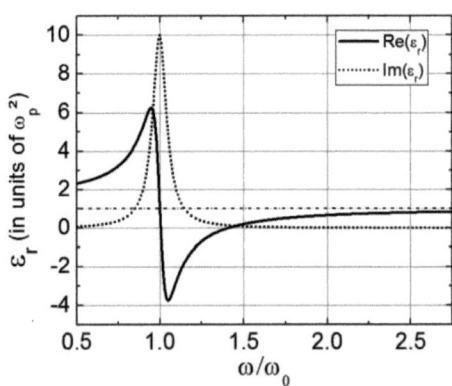

Figure 1.1 - *Evolution de ε_r en fonction de la pulsation ω normalisée par rapport à la pulsation propre ω_0 du système (en prenant l'amortissement des oscillations des charges γ_m égal à 0.1).*

Tout d'abord, la partie imaginaire de la permittivité $Im(\varepsilon_r)$ montre une absorption du rayonnement incident lorsque la pulsation est voisine de la pulsation propre du matériau considéré. L'absorption du rayonnement incident n'est en réalité efficace que dans ce cas précis qui va se traduire par un transfert d'énergie optimal. C'est la condition de résonance ($\omega \approx \omega_0$) qui sera notamment recherchée dans le cas des antennes.

Ensuite, la partie réelle de la permittivité $Re(\varepsilon_r)$ est positive pour des fréquences inférieures à ω_0 et négatives sur une plage de fréquences supérieures à ω_0. Ce paramètre renseigne sur la nature diélectrique ou métallique du matériau considéré tel que :

- si $\omega < \omega_0$, la permittivité est positive et la matière est *diélectrique* ;

- si $\omega > \omega_0$, la permittivité est négative et la matière est *métallique* ;

- si $\omega \rightarrow +\infty$, la permittivité tend vers 1, la structure électronique n'est plus visible par le rayonnement et elle n'échange plus d'énergie avec lui. Le matériau est *transparent*.

On notera le lien avec l'indice de réfraction du milieu considéré :

$$\varepsilon_r = n^2 \qquad (28)$$

Quelques notions sont à ajouter pour pouvoir exprimer les équations de Maxwell dans ce matériau. L'onde que nous considérons peut se propager dans un matériau dans la mesure où elle va être portée par les courants et les charges fixes qui le composent.

Néanmoins, du fait de leur présence, on imagine facilement que cette propagation va être différente par rapport à son parcours dans le vide. Ce sont donc ces courants et charges fixes qui vont limiter/contrôler la propagation de cette onde et le comportement des champs associés. Pour les considérations de ce chapitre, seules les charges et courants « libres » (apportés à la matière par un expérimentateur) sont considérées, on les appellera ρ_l et J_l.

Dans le cas de l'interaction de cette onde avec la matière, ce sont ces nouveaux paramètres qui vont influencer le comportement des champs électriques et magnétiques associés. Ainsi, les équations de Maxwell prennent la forme suivante :

$$\begin{cases} \boldsymbol{rot}(\boldsymbol{E}) = -\frac{\partial \boldsymbol{B}}{\partial t} \\ div(\boldsymbol{E}) = \frac{\rho_l}{\varepsilon_0} \end{cases} \text{et} \quad \begin{cases} \boldsymbol{rot}(\boldsymbol{B}) = \mu_0 J_l + \frac{1}{c^2}\frac{\partial \boldsymbol{E}}{\partial t} \\ div(\boldsymbol{B}) = 0 \end{cases} \quad (29)$$

Les champs ($\boldsymbol{E}$ et $\boldsymbol{B}$) et les réponses ($\boldsymbol{D}$ et $\boldsymbol{H}$) sont liés par :

$$\boldsymbol{D} = \varepsilon_0 \boldsymbol{E}$$
$$\boldsymbol{H} = \frac{1}{\mu_0}\boldsymbol{B} \quad (30)$$

En appliquant l'expression de $\boldsymbol{H}$ de l'équation (30) dans le rotationnel de $\boldsymbol{B}$ exprimé dans l'équation (29), le rotationnel de $\boldsymbol{H}$ peut être exprimé comme :

$$\boldsymbol{rot}(\boldsymbol{H}) = J_l + \frac{\partial \boldsymbol{D}}{\partial t} \quad (31)$$

Dans le cadre de la description physique d'une antenne, nous allons maintenant introduire le fait qu'il s'agisse d'un métal et, donc, d'un milieu à pertes. Comme nous l'avons mentionné précédemment, le champ électrique induit dans le milieu une densité de courants (de charges libres) J_l proportionnelle à E [6]:

$$J_l = \sigma E \tag{32}$$

Il s'agit de *l'expression locale de la loi d'Ohm*.

L'énergie de l'onde incidente se dissipe par effet Joule en créant dans le matériau un courant de densité J_l. Par conséquent, l'atténuation de l'onde incidente est d'autant plus rapide que la conductivité σ est élevée.

Les antennes que nous considérons sont métalliques, c'est-à-dire que ce sont les électrons libres, très nombreux, qui assurent le transport du courant. Leur conductivité est donc très élevée. On peut voir également que le champ électrique va influer sur la répartition des charges libres en plus de la polarisation

Introduisons maintenant J_l dans l'expression du rotationnel de H de l'équation (31). Si les solutions harmoniques du champ électrique données en équation (4) sont maintenant appliquées en équation (31), on obtient :

$$\boldsymbol{rot}(H) = \sigma E + i\omega\varepsilon_0\varepsilon_r E \tag{33}$$

$$\boldsymbol{rot}(H) = i\omega\varepsilon_0\varepsilon_r \left(1 - i\frac{\sigma}{\omega\varepsilon_0\varepsilon_r}\right) E \tag{34}$$

qui devient :

$$\boldsymbol{rot(H)} = i\omega\varepsilon_0\varepsilon_{rc}\boldsymbol{E} \qquad (35)$$

Par identification, on peut voir ε_{rc} comme étant la permittivité effective du milieu considéré prenant en compte sa conductivité:

$$\varepsilon_{rc} = \varepsilon_r \left(1 - i\frac{\sigma}{\omega\varepsilon_0\varepsilon_r}\right) \qquad (36)$$

ou encore :

$$\varepsilon_{rc} = Re(\varepsilon_{rc}) + i.Im(\varepsilon_{rc}) = \varepsilon_r - i\frac{\sigma}{\omega\varepsilon_0} \qquad (37)$$

Les courants liés aux charges qui participent à la conduction du matériau correspondent donc à la partie imaginaire de la permittivité qui rend compte des pertes du milieu. Un matériau de permittivité complexe est donc absorbant ou bien conducteur ce qui décrit parfaitement le caractère métallique des antennes que nous considérons.

C'est ce caractère absorbant qui va atténuer l'amplitude de l'onde incidente. Nous allons illustrer cela sur le champ électrique $\boldsymbol{E}$. Dans le vide, nous avons vu qu'il s'écrit :

$$\boldsymbol{E(t,r)} = \boldsymbol{E_0} e^{[i(\boldsymbol{k_0}.\boldsymbol{r} - \omega t)]} \qquad (38)$$

Or, nous venons de voir que ε_{rc} est complexe. L'indice de réfraction n_{rc} l'est donc lui aussi et k est lié à n_{rc} par la relation :

$$\boldsymbol{k} = n_{rc}.\boldsymbol{k_0} \tag{39}$$

et devient également complexe, avec $\boldsymbol{k_0}$, le vecteur d'onde dans le vide. $\boldsymbol{k}$ prend donc la forme complexe suivante :

$$\boldsymbol{k} = Re(\boldsymbol{k}) + i.Im(\boldsymbol{k}) \tag{40}$$

En utilisant cette expression de k, dans l'expression du champ électrique, on obtient finalement :

$$\boldsymbol{E}(t,\boldsymbol{r}) = \boldsymbol{E_0} e^{[-[Im(\boldsymbol{k}).\boldsymbol{r}]]} e^{[i[Re(\boldsymbol{k}).\boldsymbol{r}-\omega t]]} \tag{41}$$

Si nous parlons d'intensité, ce terme devient :

$$I(t,\boldsymbol{r}) = I_0 e^{[-2[Im(\boldsymbol{k}).\boldsymbol{r}]]} = I_0 e^{\left[-\frac{2}{\delta}\boldsymbol{r}\right]} \tag{42}$$

On définit alors:

$$\delta = \frac{1}{Im(\boldsymbol{k})} \tag{43}$$

comme la longueur caractéristique de décroissance des ondes électromagnétiques pénétrant dans le matériau et donc amorties. Dans le cas d'un métal, on parle de *profondeur de peau*.

Afin de donner des ordres de grandeur, on peut exprimer δ en fonction de la fréquence de l'onde incidente et de la conductivité:

$$\delta = \sqrt{\frac{2}{\omega\mu_0\sigma}} = \sqrt{\frac{2}{\omega^2\mu_0\varepsilon_0|Im(\varepsilon_{rc})|}} \qquad (44)$$

Pour l'or sous une onde excitatrice dans le visible à λ_0=633 nm (avec $Im(\varepsilon_{rc})$=1.24, la permittivité relative du vide ε_0=8.9 10^{-12} F.m^{-1} et la perméabilité du vide μ_0=4π 10^{-7} H.m^{-1}), on trouve une profondeur de peau de 126 nm. Pour l'argent ($Im(\varepsilon_{rc})$=0.48), cette profondeur devient 202 nm.

La réponse et le comportement du matériau à une excitation électromagnétique dépendra notamment de cette épaisseur de peau et de la capacité de l'onde électromagnétique à pénétrer dans le matériau et donc à interagir avec ses électrons.

Prenons l'exemple de l'or et de l'argent. L'évolution de la partie imaginaire des permittivités relatives de l'or et de l'argent dans la gamme Visible-Infrarouge proche est donnée en figure 1.2.

On remarque que pour des longueurs d'onde supérieures à celles du visible, la partie imaginaire de ε_{rc} a tendance à augmenter réduisant ainsi de plus en plus δ qui tend alors vers zéro pour de grandes valeurs de $Im(\varepsilon_{rc})$. Dans le cas extrême d'un métal dont la partie imaginaire de la permittivité et la conductivité tendrait vers l'infini, δ devient nulle ce qui signifie qu'aucune onde ne pénètre le matériau (elle est totalement réfléchie). C'est le cas du métal parfait ce qui va nous permettre d'introduire le cas de l'antenne parfaite.

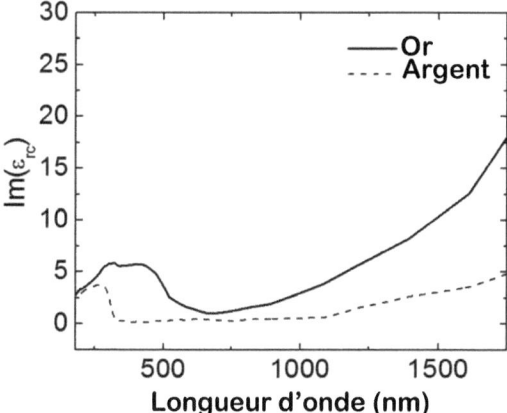

Figure 1.2 – *Evolution de la partie imaginaire de ε_{rc} en fonction de la longueur d'onde pour l'or (ligne continue) et l'argent (pointillés) (Source [7]).*

1.3 L'antenne parfaite

Il s'agit d'un cas très courant pour des domaines spectraux allant de l'infrarouge jusqu'aux ondes radios dans la mesure où les longueurs d'ondes correspondantes sont si grandes que les charges à l'intérieur de l'antenne considérée ne « voient » pas les ondes (cas du métal parfait présenté précédemment). De plus, le rayonnement incident ne pénétrant pas dans le matériau, le champ électrique reste confiné à sa surface. De ce fait, ce sont davantage les paramètres géométriques du matériau utilisé que les effets dus à ses propriétés intrinsèques qui vont jouer sur sa performance en tant qu'antenne.

Quelle que soit la gamme spectrale considérée, ce sont ces paramètres qui permettent un rayonnement maximal de l'antenne. Ce dernier est caractérisé par des diagrammes de rayonnement qui permettent de quantifier la capacité d'une antenne à transmettre/recevoir le signal dans une direction particulière. Ils sont généralement présentés comme l'intensité du rayonnement en fonction d'une direction donnée. Or, il se trouve que cette intensité devient maximale lorsque la longueur d'onde d'excitation λ_0 correspond à un mode d'antenne. Cela signifie que l'onde créée à l'intérieur de l'antenne est limitée par sa géométrie (longueur L) et se comporte comme une onde dans une cavité. Seules des ondes de longueur d'onde particulières peuvent se propager dans cette cavité, c'est-à-dire, les longueurs d'onde de résonance de la cavité. Il s'agit d'un cas équivalent à la vibration d'une corde dont les extrémités sont fixées. Lors d'un aller-retour dans la cavité, l'onde subit un changement de phase $\varphi = k2L$ avec k définit dans la section précédente. L'amplitude de l'onde est maximale lorsque $\varphi = l2\pi$ avec l, un nombre entier. On obtient donc $4\pi L/\lambda_0 = l2\pi$ En prenant $\lambda = \lambda_0/n$ comme longueur d'onde d'excitation dans un milieu d'indice de réfraction n entourant l'antenne, la condition de résonance devient :

$$L = \frac{l\lambda}{2n} \qquad (45)$$

La résonance fondamentale correspond à *l=1*. Les valeurs supérieures de *l* correspondent à des modes apparaissant le long de l'axe de l'antenne mais seulement pour des valeurs impaires de *l*. Ainsi, les résonances type antenne se produisent si la longueur L d'antenne correspond à un multiple impair demi-entier de la longueur d'onde d'excitation λ. Un exemple est donné en figure1.3 pour les trois premiers modes d'antenne dans l'air (*n=1*).

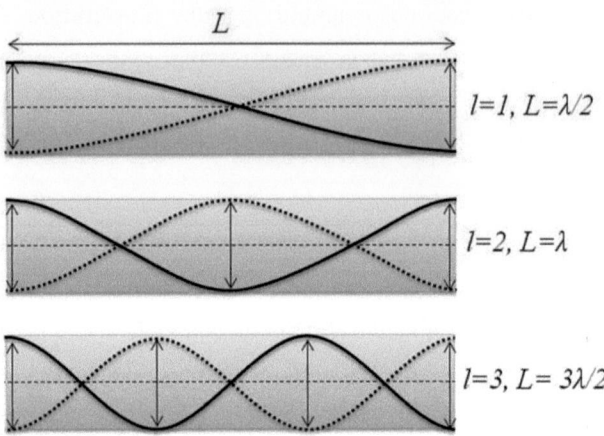

Figure 1.3 – *Représentation de la variation d'amplitude de l'onde créée sur l'antenne à deux positions extrêmes (courbes noires et pointillées) et avec un déplacement montré par les flèches pour les trois premiers modes d'antenne : l=1, mode fondamental, l=2 et 3, respectivement, les premier et second harmoniques.*

Cette relation est vérifiée dans le domaine des micro-ondes, des ondes radio et des plus grandes longueurs d'onde. Néanmoins, nous allons voir maintenant qu'en se rapprochant des domaines infrarouges et visibles pour lesquelles les valeurs de la partie imaginaire de ε_{rc} ne peuvent plus être considérées comme très « grandes » (voir figure 1.2), la réponse des antennes, devenues nanométriques, diffère complètement.

1.4 La nanoantenne

Dans le domaine du visible, la nanoantenne ne peut pas être considérée comme parfaite dans la mesure où la profondeur de peau δ n'est plus négligeable. Le rayonnement incident peut interagir avec le matériau et il est donc nécessaire de prendre en compte sa réponse donnée en fonction de ε_{rc}. Nous allons maintenant expliquer en quoi la pénétration de l'onde dans le métal peut induire de tels changements.

1.4.1 Les plasmons de surface

Dans le domaine optique que nous sommes en train de considérer, on peut faire l'approximation que les électrons de conduction à l'intérieur d'une sphère métallique sont libres et donc non liés aux noyaux atomiques. Cet objet est alors constitué d'un gaz d'électrons libres, dont la densité est égale à celle des ions positifs, les deux groupes de charges occupant le même volume. Comme nous l'avons vu précédemment, lorsqu'une onde électromagnétique va interagir avec cet objet métallique, les charges libres vont être mises en mouvement et vont osciller à la fréquence imposée par le champ électrique incident (figure 1.4). Nous avons également vu que cela induisait localement une perturbation de la neutralité du système mettant en jeu la force de Coulomb $\boldsymbol{F_C}$. Précisons que cette force possède un large rayon d'action et, de ce fait, les électrons libres vont se mettre à osciller collectivement. Ces oscillations collectives sont appelées oscillations plasma.

Dans les années 1920, le physicien Rudberg fit l'expérience de soumettre un métal à un faisceau d'électrons et de mesurer leur énergie après interaction avec ce métal (spectroscopie par pertes d'énergie des électrons, [8]). Il observa qu'il existait des niveaux précis d'énergie pour lesquels ces pertes survenaient. C'est en considérant le métal comme un plasma quantique (comme décrit ci-dessus) que le concept de quantification de l'énergie d'oscillation plasma a été introduit et nommé *plasmon*. Le plasmon est donc le quantum de l'excitation collective du gaz d'électrons dont l'énergie est un multiple entier de l'énergie plasma $\hbar\omega_p$.

Plus tard, dans les années 1950, Ritchie étudia théoriquement la même expérience mais dans le cas où l'épaisseur de ce métal diminue.[9] Il constata que l'énergie des plasmons diminuait par rapport aux plasmons issus d'un métal plus épais. Ce résultat fut confirmé expérimentalement dix ans plus tard par Powel et Swan et expliqué par l'apparition d'ondes de surface évanescentes se propageant à l'interface métal-air. On leur donna le nom de *plasmons de surface délocalisés (PSD)*.

Afin d'extraire leurs propriétés optiques [10], considérons le cas d'un film métallique semi-infini de permittivité $\varepsilon_{rc}(k,\omega)$ plongé dans un milieu diélectrique 1 de permittivité relative ε_1 (milieu considéré sans perte : $Re(\varepsilon_1) > 1$ et $Im(\varepsilon_1) = 0$) :

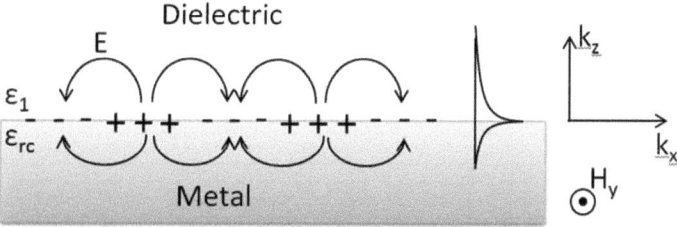

Figure 1.4 – *Géométrie choisie pour exprimer le champ électrique associé aux plasmons de surface délocalisés à l'interface entre un milieu métallique de permittivité ε_{rc} et un milieu diélectrique 1 de permittivité ε_1. Sous l'action d'un rayonnement incident, le mouvement des charges + et − se traduit par des ondes de surface dont l'intensité décroît exponentiellement de part et d'autre de l'interface.*

A l'interface milieu 1-métal, le champ électrique s'écrit alors :

$$\boldsymbol{E_1} = (E_{x1}, 0, E_{z1}) e^{(k_{x_1} x + k_{z_1} z - \omega t)} \tag{46}$$

En appliquant les équations de Maxwell et les conditions limites à l'interface métal/diélectrique, on obtient :

$$\begin{cases} k_{x1} = k_{xrc} = k_x & (47) \\ \dfrac{k_{z1}}{\varepsilon_1} + \dfrac{k_{zrc}}{\varepsilon_{rc}} = 0 & (48) \\ k_x^2 + k_{z1}^2 = \varepsilon_1 \left(\dfrac{\omega}{c}\right)^2 & (49) \\ k_x^2 + k_{zrc}^2 = \varepsilon_{rc} \left(\dfrac{\omega}{c}\right)^2 & (50) \end{cases}$$

Ces expressions traduisent le fait que :

- pour que l'équation (48) ait une solution et donc pour qu'un PSD existe, la partie réelle du métal doit nécessairement être de signe opposé à celle du milieu environnant (rappel : $Re(\epsilon_1) > 1$ ici) ;

- la relation de dispersion des PSD déduite des équations (48-50) s'écrit sous la forme :

$$k_x = \frac{\omega}{c}\sqrt{\frac{\varepsilon_{rc}\varepsilon_1}{\varepsilon_{rc}+\varepsilon_1}} = Re(k_x) + iIm(k_x) \qquad (51)$$

et nous informe que le champ électromagnétique associé à ce plasmon PSD présente une suite continue de modes propres ;

- si $|Re(\varepsilon_{rc})| > 1$ et $\varepsilon_1 = 1$ alors $Re(k_x) > \frac{\omega}{c}$ et k_z devient complexe. C'est la description d'une onde évanescente et cela est caractéristique d'une onde de surface dont l'amplitude décroît exponentiellement selon z de part et d'autre de l'interface.

Cette onde de surface créée se propage selon l'axe x mais l'oscillation des électrons est atténuée du fait des pertes par effet Joule dans le métal. On définit alors une longueur de propagation L$_{PSD}$ associée aux PSD, qui correspond à l'atténuation de 1/e de l'intensité des oscillations, telle que :

$$L_{PSD} = \frac{1}{|2Im(k_x)|} \qquad (52)$$

Cette longueur signifie que les PSD ne restent pas confinés à un endroit précis de l'espace mais se propagent. C'est pourquoi ces plasmons de surface sont dits *délocalisés*.

Le PSD étant une onde évanescente ($k_x > \omega/c$), il ne peut être excité directement par une onde lumineuse propagative pour laquelle $k_i = \omega_i/c$ (droite de lumière). Dans le cas des PSD, la courbe de dispersion de la lumière ($\omega = ck$) ne croise donc jamais celle des PSD (figure Nano5). Il ne peut y avoir accord de phase entre les deux ondes, i.e., $\omega_{PSD} = \omega_i$ et $k_{PSD} = k_i$. Le couplage entre les PSD et la lumière ne se produit pas naturellement mais sous certaines conditions : il faut augmenter le vecteur d'onde de la lumière incidente pour avoir accord de phase entre les deux ondes. Pour cela, plusieurs stratégies ont été développées soit en utilisant un prisme (configuration Otto [11] ou Kretschmann [12]) soit un réseau. Finalement, le rayonnement incident et les plasmons de surface délocalisés forment des modes de surface ou quasi-particules appelées *plasmons de surface-polaritons*.

Dans le cas où le champ électrique incident vérifie l'équation d'onde et en considérant $\omega \gg \omega_0$ et $\gamma_m = 0$, on peut simplifier l'expression du modèle de Drude (équation 27):

$$\varepsilon_{rc} = 1 + N \frac{|e|^2}{m\varepsilon_0} \frac{1}{-\omega^2} = 1 - \frac{\omega_p^2}{\omega^2} \tag{53}$$

En introduisant l'expression de ε_{rc} dans l'équation (51), on obtient la relation de dispersion des PSD dans le cadre du modèle de Drude :

$$\omega(\pm) = \frac{1}{(2\varepsilon_1)^{1/2}} \Big[-k_x^2 c^2 (\varepsilon_1 + 1) + \varepsilon_1 \omega_p^2$$
$$\pm \big[(k_x^2 c^2 (\varepsilon_1 + 1) - \varepsilon_1 \omega_p^2)^2 - 4\varepsilon_1 k_x^2 c^2 \omega_p^2 \big]^{1/2} \Big]^{1/2}$$
(54)

On remarque en figure 1.5 que la relation de dispersion est en dessous de la droite de lumière $\omega = ck$. Au dessus, la lumière ne peut pas se propager dans le matériau. Pour les grandes longueurs d'onde (petits k), ω tend vers 0 et l'onde se propage normalement. Pour les petites longueurs d'onde (grands k), ω tend vers $\omega_p / \sqrt{1 + \varepsilon_1}$ et l'onde ne se propage que pour des fréquences proches de ω_p.

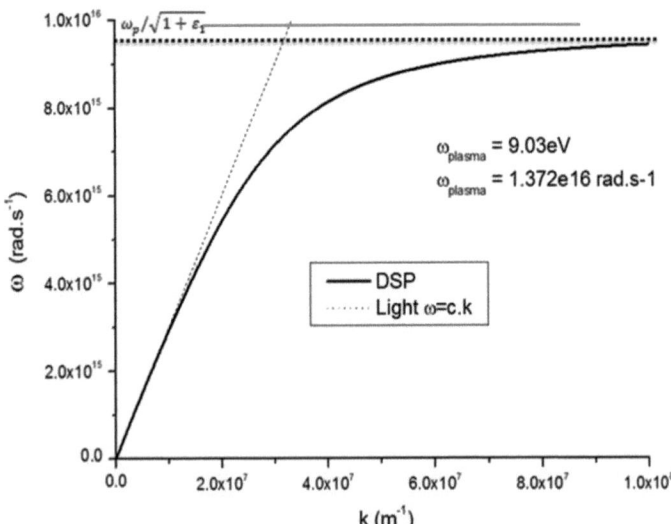

Figure 1.5 – *Relation de dispersion des plasmons de surface délocalisés (courbe noire) dans un milieu métallique semi-infini comparée à la droite de lumière (courbe pointillée).*

A présent, nous allons réduire encore les dimensions du matériau métallique considéré en passant du film à la nanoparticule métallique et ainsi aborder le cas du comportement d'une antenne nanométrique dans le domaine du visible.

Du fait de la réduction de la taille à l'échelle nanométrique, les plasmons de surface restent confinés à l'intérieur de la nanoparticule. Ils sont donc appelés *plasmons de surface localisés (PSL)* et présentent également un fort confinement du champ électromagnétique autour de la nanoparticule. A l'inverse des PSD, ces modes de surface sont radiatifs et peuvent donc se coupler directement à la lumière. L'application d'une énergie incidente correspondant à l'énergie des PSD donne lieu à la condition de *résonance de plasmons de surface localisés (RPSL)*. Celle-ci peut se mettre directement en évidence par *spectroscopie d'extinction.* L'*extinction* rend compte des pertes d'intensité d'un faisceau lumineux dues à son absorption et sa diffusion par les particules composant un milieu quelconque (le principe de conservation d'énergie donne : extinction = absorption + diffusion). Elle permet de déterminer la position spectrale de la RPSL. Les positions des RPSL vont non seulement dépendre du milieu environnant comme dans le cas des PSD mais également de la taille et de la forme de la nanoantenne.

1.4.2 La nanoantenne sphérique dans la théorie de Mie

Nous allons débuter par la géométrie la plus simple en considérant le cas de la sphère isolée et de rayon R plongée dans un milieu de constante diélectrique ε_1. Pour la description des propriétés d'extinction d'une sphère de taille quelconque, la théorie de Mie [13] est parfaitement adaptée. Le grand avantage de cette théorie est qu'elle donne les solutions exactes du problème électromagnétique considéré. Un inconvénient est qu'elle n'est pas aisée dans son application dans la mesure où elle utilise de manière intensive les fonctions de Bessel sphériques et les harmoniques sphériques. Cette théorie fournit les sections efficaces de diffusion σ_{diff} et d'extinction σ_{ext}, et par soustraction, d'absorption $(\sigma_{abs} = \sigma_{ext} - \sigma_{diff})$, de particules sphériques de tailles et de matériaux quelconques placées dans un milieu diélectrique homogène, non-absorbant et illuminées par une onde plane.

La *section efficace*, exprimée en unité de surface, est une grandeur physique reliée à la probabilité d'interaction d'un rayonnement avec une particule pour un processus physique donné (dans notre cas, l'extinction, la diffusion ou l'absorption). La section efficace d'extinction σ_{ext} (m²) est définie par rapport à la puissance extraite à l'onde incidente P_{ext} (W) sur la densité de surface du champ incident S_i (W/m²) [14-15]:

$$\sigma_{ext} = \frac{P_{ext}}{S_i} \qquad (55)$$

Les sections efficaces de diffusion et d'absorption s'écrivent de la même manière.

Pour un objet simple comme la sphère, le rendement d'extinction Q_{ext} d'une seule sphère peut être défini en normalisant la section efficace d'extinction par la section efficace géométrique σ_{geom} qui correspond à la surface de la nanoparticule interceptée par le faisceau incident:

$$Q_{ext} = \frac{\sigma_{ext}}{\sigma_{geom}} \qquad (56)$$

avec $\sigma_{geom} = \pi R^2$.

Dans le cas d'une excitation par une onde plane, la théorie de Mie exprime les rendements d'extinction Q_{ext} et de diffusion Q_{diff} sous la forme de séries de coefficients Γ_n et Δ_n appelés coefficients de Mie et représentant respectivement les susceptibilités magnétiques et électriques liées au champ diffusé:

$$\begin{cases} Q_{ext} = -\frac{2}{x^2} \sum_{n=1}^{\infty} (2n+1) Re(\Gamma_n + \Delta_n) & (57) \\ Q_{diff} = \frac{2}{x^2} \sum_{n=1}^{\infty} (2n+1)(|\Gamma_n|^2 + |\Delta_n|^2) & (58) \end{cases}$$

avec $x = k_1 R = \frac{\sqrt{\varepsilon_1} 2\pi}{\lambda} R$, le facteur de taille et k_1 la valeur algébrique du vecteur d'onde dans le milieu environnant en m⁻¹. Le rendement d'absorption Q_{abs} se déduit alors des deux rendements précédents à partir de la formule : $Q_{abs} = Q_{ext} - Q_{diff}$.

Q_{diff} représente la capacité de la particule à extraire de l'énergie au faisceau incident et à la diffuser dans toutes les directions tandis que Q_{abs} représente l'aptitude de la particule à absorber l'énergie de l'onde incidente.

La prédominance des phénomènes d'absorption et de diffusion va dépendre de la taille de la sphère et de sa matière. Par exemple, en figure 1.6, on peut voir qu'il existe des diamètres de sphère à partir desquels la diffusion devient prépondérante par rapport à l'absorption. Dans les cas de l'or et de l'argent, cela se produit pour des rayons de sphère dépassant 120 nm et 50 nm respectivement.

Par la théorie de Mie, nous pouvons trouver directement les positions de résonance voulues en fonction du matériau choisi, de son environnement et de son excitation. Néanmoins, cette théorie ne permet pas d'expliquer les phénomènes physiques sous jacents et ne permet que de traiter le cas géométrique de la sphère (la description analytique devient trop complexe pour des géométries de symétries inférieures).

1.4.3 La nanoantenne sphérique dans l'approximation quasi-statique (AQS)

Nous allons maintenant expliquer les différents phénomènes mis en jeu dans la diffusion des particules métalliques en introduisant *l'approximation quasi-statique (AQS)* ou *approximation dipolaire*.

Cette approximation considère que la sphère est placée dans un champ électromagnétique qui n'a pas de dépendance spatiale. Elle est valable quand le diamètre de la sphère est très petit devant la longueur d'onde d'excitation ($2R \ll \lambda$). Le champ électrique est donc constant et uniforme à l'intérieur de la sphère.

Nous avons vu précédemment que sous une excitation par un champ incident E_i (constant ici) était créé un champ local E_l auquel était associé un champ de réponse E_r tels que:

$$E_l = E_i - E_r \qquad (59)$$

Des équations (20) et (23), on déduit les expressions de $\boldsymbol{E_l}$ et $\boldsymbol{E_i}$:

$$\boldsymbol{E_l} = \frac{\boldsymbol{p}}{\alpha_V \varepsilon_0} \quad \text{et} \quad \boldsymbol{E_i} = \frac{\boldsymbol{p}}{\chi \varepsilon_0} \tag{60}$$

Avec $\alpha_V = \alpha/V$, la polarisabilité par unité de volume et V le volume de la sphère.

Dans le cas de la sphère, le champ de dépolarisation E_r s'exprime de la façon suivante :

$$\boldsymbol{E_r} = -\frac{\boldsymbol{p}}{3\varepsilon_0 \varepsilon_1} \tag{61}$$

$\boldsymbol{E_l}$ devient alors :

$$\boldsymbol{E_l} = \frac{\boldsymbol{p}}{\alpha_V \varepsilon_0} = \frac{\boldsymbol{p}}{\chi \varepsilon_0} + \frac{\boldsymbol{p}}{3\varepsilon_0 \varepsilon_1} \tag{62}$$

On en déduit l'expression de χ :

$$\chi = \frac{3\varepsilon_1 \alpha_V}{3\varepsilon_1 - \alpha_V} = \varepsilon_{rc} - \varepsilon_1 \tag{63}$$

et la polarisabilité α_V s'écrit alors

$$\alpha_V = 3\varepsilon_1 \left(\frac{\varepsilon_{rc} - \varepsilon_1}{\varepsilon_{rc} + 2\varepsilon_1} \right) \tag{64}$$

La polarisation électrique par unité de volume s'écrit donc :

$$\boldsymbol{p} = \alpha_V \varepsilon_0 = 3\varepsilon_1 \varepsilon_0 \left(\frac{\varepsilon_{rc} - \varepsilon_1}{\varepsilon_{rc} + 2\varepsilon_1} \right) \boldsymbol{E_i} \tag{65}$$

E_i étant uniforme sur l'ensemble de la sphère, la polarisation électrique est elle aussi uniforme. Par intégration sur le volume $V = \frac{4\pi}{3}R^3$ de la sphère, cette polarisation est donc équivalente à :

$$\begin{aligned} \boldsymbol{P} &= \int_V \boldsymbol{p}\, dV = 3\varepsilon_0\varepsilon_1 \left(\frac{\varepsilon_{rc}-\varepsilon_1}{\varepsilon_{rc}+2\varepsilon_1}\right) \int_V \boldsymbol{E}_i\, dV \\ &= 3\varepsilon_0\varepsilon_1 \left(\frac{\varepsilon_{rc}-\varepsilon_1}{\varepsilon_{rc}+2\varepsilon_1}\right) V \boldsymbol{E}_i \end{aligned} \qquad (66)$$

On trouve la polarisabilité α de la sphère dans le cadre de l'AQS :

$$\alpha = 3\varepsilon_0\varepsilon_1 \left(\frac{\varepsilon_{rc}-\varepsilon_1}{\varepsilon_{rc}+2\varepsilon_1}\right) V = 4\pi\varepsilon_0\varepsilon_1 R^3 \left(\frac{\varepsilon_{rc}-\varepsilon_1}{\varepsilon_{rc}+2\varepsilon_1}\right) \qquad (67)$$

On voit que α dépend des propriétés optiques de la sphère $\varepsilon_{rc}(\omega)$, de son environnement ε_1 mais également de la taille et de la forme de la particule car nous considérons un volume d'intégration.

La puissance diffusée P_{diff} par la sphère peut s'exprimer en fonction de P puis de α sous la forme :

$$P_{diff} = \frac{n_1 \omega^4 |\boldsymbol{P}|^2}{12\pi\varepsilon_0 c^3} = \frac{n_1 \omega^4 |\alpha|^2}{12\pi\varepsilon_0 c^3} |\boldsymbol{E}_i|^2 \qquad (68)$$

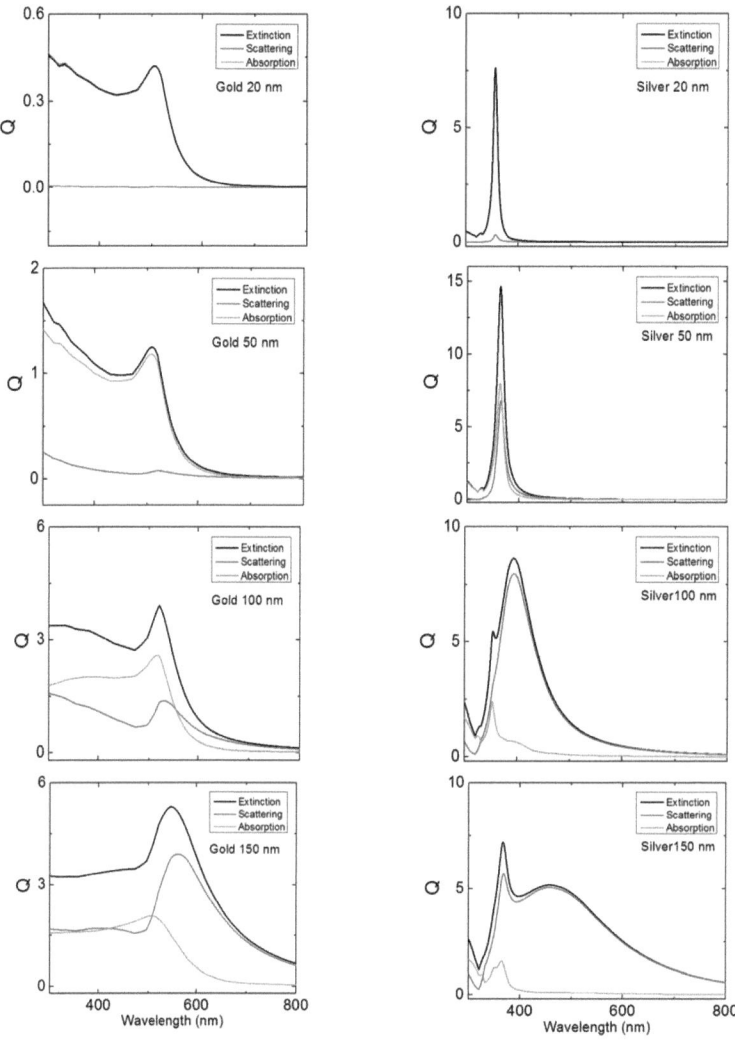

Figure 1.6 – *Rendements Q d'extinction (courbe noire), de diffusion (courbe rouge) et d'absorption (courbe verte) en fonction de la longueur d'onde pour des sphères d'or et d'argent (diamètres de 20, 50, 100 et 150 nm).*
Source : Mie Plot v4 http://www.philiplaven.com/mieplot.htm.

Sachant que la densité de puissance incidente est donnée par $S_i = \dfrac{\sqrt{\varepsilon_1}\varepsilon_0 c |E_i|^2}{2}$, on peut alors exprimer la section efficace de diffusion σ_{diff} de la sphère dans le cadre de l'AQS :

$$\sigma_{diff} = \frac{P_{diff}}{S_i} = \frac{(k_1)^4}{6\pi}\frac{|\alpha|^2}{(\varepsilon_0\varepsilon_1)^2} \tag{69}$$

σ_{abs} est obtenue à partir de la puissance absorbée P_{abs} :

$$P_{abs} = \int_V \frac{1}{2}\omega\,\varepsilon_0 Im(\varepsilon_{rc})\,|E_i|^2 dV \tag{70}$$

on obtient la section efficace d'absorption de la sphère dans le cadre de l'AQS :

$$\sigma_{abs} = \frac{P_{ext}}{S_i} = k_1 \frac{Im(\alpha)}{\varepsilon_0 \varepsilon_1} \tag{71}$$

On déduit enfin les rendements de diffusion, d'absorption et d'extinction :

$$Q_{diff} = \frac{\sigma_{diff}}{\pi R^2} = \frac{8}{3}(k_1 R)^4 \left|\frac{\varepsilon_{rc}-\varepsilon_1}{\varepsilon_{rc}+2\varepsilon_1}\right|^2 \ll Q_{abs} \tag{72}$$

$$Q_{abs} = \frac{\sigma_{abs}}{\pi R^2} = 4k_1 R.\,Im\left(\frac{\varepsilon_{rc}-\varepsilon_1}{\varepsilon_{rc}+2\varepsilon_1}\right) \tag{73}$$

$$Q_{ext} \approx Q_{abs} \tag{74}$$

Dans cette approximation, les sections efficaces d'absorption et d'extinction sont égales (comme on peut le voir également sur la figure 1.6 pour les sphères de 20 nm de diamètre). La condition de conservation d'énergie $\sigma_{ext} \neq \sigma_{diff} + \sigma_{abs}$ n'est donc plus remplie. Il s'agit ici de rappeler que ces résultats sont issus d'une approximation et ne sont donc valables que sous certaines conditions (petites sphères). Dans la limite des petites nanoparticules ($k_1 R \ll 1$), la condition de conservation d'énergie est retrouvée car Q_{diff} est proche de zéro.

Néanmoins, ces expressions font ressortir deux caractéristiques importantes propres à la diffusion de la lumière par des nanoparticules :

- la section efficace de diffusion est proportionnelle à ω^4 ou à *($1/\lambda^4$)* alors que les sections efficaces d'absorption et d'extinction sont proportionnelles à ω ou *($1/\lambda$)* ;

- comme α est proportionnelle au volume V de la particule, la section efficace de diffusion est alors proportionnelle à V^2 tandis que les sections efficaces d'absorption et d'extinction sont proportionnelles à V dans le cas où $Q_{ext} \approx Q_{abs}$. Cette dernière remarque n'est valable que dans le cas de cette approximation.

D'après l'équation (67), la résonance des PSL s'obtient lorsque la polarisabilité α est maximale et la condition de résonance devient:

$$\alpha_{max} \Leftrightarrow \varepsilon_{rc} + 2\varepsilon_1 = 0 \Rightarrow Re(\varepsilon_{rc}) = -2\varepsilon_1 \qquad (75)$$

Pour des sphères d'or et d'argent dans l'air ($\varepsilon_1 = 1$), la figure 1.7 montre que cette condition est obtenue respectivement pour des longueurs d'onde d'excitation de 484 nm et 354 nm. La particularité de cette condition de résonance est qu'elle est constante ($-2\varepsilon_1$) et ne dépend donc ni de la taille, ni de la forme de la nanoparticule. La position de RPSL sera donc fixe pour un matériau donné.

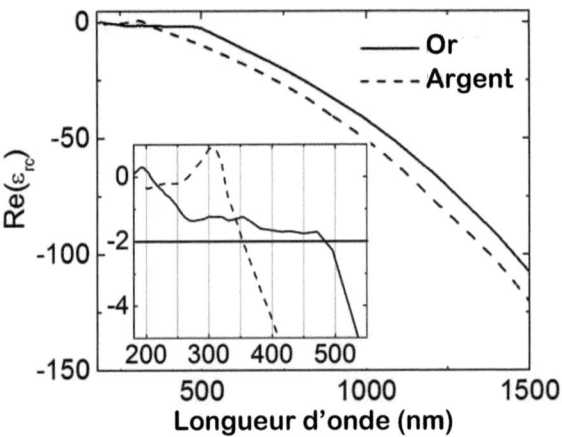

Figure 1.7 - *Evolution de la partie réelle de ε_{rc} en fonction de la longueur d'onde pour l'or (ligne continue) et l'argent (pointillés)(Source [8]).*

On s'aperçoit également sur la figure 1.7 que le *choix du métal* est également très important dans la mesure où la partie réelle et imaginaire de la constante diélectrique change d'un métal à un autre. De nombreux types de nanoparticules métalliques (comme Pd, Pt, Al, Au ou Ag) peuvent contenir des plasmons. Cependant, l'or et l'argent sont les plus choisis puisque ils peuvent fournir des RPSL très intenses dans le domaine du visible [16].

La partie imaginaire de ε_{reff} pour l'argent étant plus faible (induisant donc moins de pertes), ce métal fournit donc un champ proche électrique plus fort et un spectre d'extinction plus fin qu'une nanoparticule d'or équivalente. L'argent est donc naturellement plus sensible au milieu environnant [16]. Cependant, ce dernier est moins utilisé pour des applications biologiques que l'or car l'or est considéré comme un matériau biocompatible et tend à être plus stable que l'argent [17].

Intéressons nous maintenant aux effets de cette résonance sur le champ à proximité de la nanoparticule et nous considérerons ici en particulier les effets de l'exaltation du champ local. Le champ E_e créé à l'extérieur de la sphère peut être écrit de la manière suivante :

$$\boldsymbol{E_e} = \boldsymbol{E_i} + \boldsymbol{E_r} \tag{76}$$

L'équation (61) donne E_r et en prenant l'expression de la polarisation P (équation 65) par unité de volume, E_e s'écrit alors :

$$\boldsymbol{E_e} = \boldsymbol{E_i} - \left(\frac{\varepsilon_{rc} - \varepsilon_1}{\varepsilon_{rc} + 2\varepsilon_1}\right)\boldsymbol{E_i} \Rightarrow \boldsymbol{E_e} = \left(\frac{3\varepsilon_1}{\varepsilon_{rc} + 2\varepsilon_1}\right)\boldsymbol{E_i} \tag{77}$$

Le facteur d'exaltation du champ électrique local M_{loc} est défini par :

$$M_{loc} = \left|\frac{\|\boldsymbol{E_e}\|}{\|\boldsymbol{E_i}\|}\right|^2 \tag{78}$$

Si on prend maintenant la condition de résonance pour la sphère $\text{Re}(\varepsilon_{rc}) = -2\varepsilon_1$, le facteur d'exaltation du champ électrique local devient alors:

$$M_{loc} = \left|\frac{3\varepsilon_1}{Im(\varepsilon_{rc})}\right|^2 > 1 \qquad (79)$$

On s'aperçoit donc que localement à proximité de la surface de la nanoparticule, le champ peut être fortement exalté grâce à l'excitation des PSL si $Im(\varepsilon_{rc}) < 3\varepsilon_1$. Encore une fois, on remarque que cette grandeur est indépendante de la taille de la sphère.

Les résultats des calculs dans le cadre de l'AQS diffèrent par rapport à ceux issus de la théorie de Mie pour des sphères dont le rayon R >λ/20. Dans le domaine du visible, cela correspond à des particules dont le diamètre n'excède pas 40 nm pour l'or et 20 nm pour l'argent. Cependant, cette approximation est tout de même très utilisée pour des objets plus grands car elle est simple à appliquer. Dans ce cas, les résultats sont à prendre avec précaution car cette approximation ne prend évidemment pas en compte tous les phénomènes en jeu.

1.4.4 La nanoantenne sphérique dans l'AQS corrigée au premier ordre

Au-delà des diamètres énoncés précédemment, la théorie de Mie montre un élargissement du spectre d'extinction et un décalage vers les grandes longueurs d'onde de la position spectrale du maximum de rendement d'extinction correspondant à la position de résonance des plasmons de surface localisés. Or, cela n'est pas le cas si on ne considère que l'AQS.

Afin de garder la simplicité de cette première approximation et d'étendre sa validité aux plus grandes nanoparticules, une première correction dite radiative ou *correction d'atténuation (CA)* peut être appliquée. En effet, lorsque la taille de la particule augmente et n'est plus négligeable par rapport à la longueur d'onde incidente, elle ne va pas voir a) la même orientation du champ b) électrique en tous ses points.

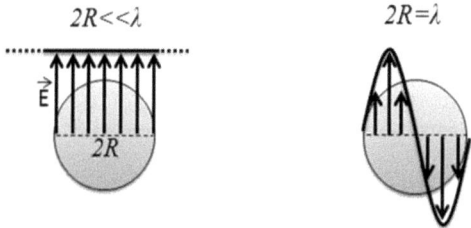

Figure 1.8 – *Illustration de l'incidence de la taille de la nanoparticule par rapport à la longueur d'onde d'excitation sur l'homogénéité de la polarisation du champ électrique.*

Cette polarisation inhomogène montrée en figure 1.8b induit des effets de retard traduisant les différences de phase au sein de la particule et qui seront d'autant plus importants que la particule sera grande. Cette répartition inhomogène du champ atténue l'oscillation collective des électrons et se traduit par un élargissement de la résonance. Pour rendre compte de cet effet, la particule est assimilée à un dipôle en prenant en compte l'atténuation par rayonnement de celui-ci car le champ diffusé a tendance à réduire la polarisation induite par le champ incident. Cela se matérialise par l'introduction d'un terme correctif d'amortissement [18] :

$$-\frac{2}{3}i(k_1R)^3 \tag{80}$$

Cette correction étant complexe, elle va introduire un élargissement de la résonance plasmon.

Afin de se rapprocher encore de la réalité, une approximation supplémentaire peut être réalisée. L'idée est ici de considérer chaque élément de volume polarisable comme un dipôle émettant une onde sphérique. Un champ total de dépolarisation, moyenné sur tout le volume de la particule, est évalué. Ce champ prend donc en compte les déphasages entre les diverses ondes émises par les dipôles de la particule et les amplitudes des composantes des champs proches et lointains de ces dipôles. On associe alors à ce champ le terme de *dépolarisation dynamique (DD)* [19] :

$$-(k_1R)^2 \tag{81}$$

Cette correction a pour conséquence de déplacer les positions de résonance vers les grandes longueurs d'onde.

La polarisabilité corrigée par les corrections d'atténuation et de dépolarisation dynamique s'exprime alors comme :

$$\alpha = 4\pi\varepsilon_0\varepsilon_1 R^3 \beta^{CA+DD} \tag{82}$$

avec :

$$\beta^{CA+DD} = \frac{\beta}{1 - \frac{2}{3}i(k_1R)^3\beta - (k_1R)^2\beta} \quad \text{et} \quad \beta = \frac{\varepsilon_{rc} - \varepsilon_1}{\varepsilon_{rc} + 2\varepsilon_1} \quad (83)$$

β^{CA+DD} se réécrit sous la forme :

$$\beta^{CA+DD} = \frac{\varepsilon_{rc} - \varepsilon_1}{\varepsilon_{rc} - (k_1R)^2 \varepsilon_{rc} + \left[2 + (k_1R)^2\right]\varepsilon_1 - \frac{2}{3}i(k_1R)^3(\varepsilon_{rc} - \varepsilon_1)} \quad (84)$$

Avec ces corrections, on voit que la condition de résonance des PSL est atteinte lorsque la partie réelle du dénominateur de β^{CA+DD} s'annule et devient alors:

$$\alpha_{max} \Leftrightarrow \beta_{max}^{CA+DD} \Rightarrow Re(\varepsilon_{rc}) = -\left[\frac{2 + (k_1R)^2}{1 - (k_1R)^2}\right]\varepsilon_1 \quad (85)$$

On peut clairement mettre en évidence l'*effet de la taille* de la particule sur la position de RPSL. En effet, lorsque que le rayon R de la sphère augmente, le terme k_1R augmente lui aussi et finalement $Re(\varepsilon_{rc})$ diminue. D'après la figure 1.7, cela se traduit par un décalage vers le rouge de la longueur d'onde de la RSPL.

De la même manière, *l'effet du milieu environnant* sur la position de RSPL peut également être montré. En effet, on voit que lorsque la permittivité du milieu environnant ε_1 augmente, pour un rayon R de sphère fixé, $Re(\varepsilon_{rc})$ diminue, décalant également vers le rouge la longueur d'onde de la RSPL. L'interaction avec le milieu environnant crée donc un amortissement et une perte d'énergie des PSL.

On peut donner le domaine de validité de ces nouvelles approximations en partant du principe que la partie réelle de la permittivité d'un métal est négative dans le domaine du visible. On remarque donc que nécessairement :

$$(k_1 R)^2 < 1 \Leftrightarrow \frac{4\pi^2}{\lambda^2} R^2 < 1 \Leftrightarrow R < \frac{\lambda}{2\pi} \qquad (86)$$

Par conséquent, ces approximations supplémentaires donnent un bon accord avec la théorie de Mie dans le domaine du visible pour des diamètres de sphère inférieurs à 150 nm sur la gamme du visible.

Pour des sphères de plus grand diamètre, la théorie de Mie prédit l'apparition de nouvelles résonances aux basses longueurs d'onde. Il s'agit de l'apparition de *résonances d'ordres supérieurs*. Dans ce cas, les solutions peuvent être exprimées comme une somme d'harmoniques sphériques. Pour un ordre de résonance donné (moment angulaire) l des harmoniques sphériques, la réponse quasi-statique est caractérisée par une polarisabilité multipolaire α_l proportionnelle à :

$$\alpha_l \propto R^{2l+1} \left(\frac{\varepsilon - \varepsilon_1}{\varepsilon + \frac{l+1}{l} \varepsilon_1} \right) \qquad (87)$$

Le cas dipolaire correspond à $l=1$ et donne $\alpha_1 \propto R^3$. Le premier ordre supérieur (ordre quadripolaire) est donné par $l=2$ et donne $\alpha_2 \propto R^5$. Cela montre que les termes d'ordres supérieurs sont d'autant plus prédominants que la taille de la sphère augmente.

Cette étude de la sphère a permis de mettre en avant les effets de la taille de la nanoparticule et du milieu environnant sur la position de RPSL. Afin de nous approcher encore un peu plus de la réalité, des nanoparticules de formes ellipsoïdales vont maintenant être considérées. Des solutions analytiques peuvent également être trouvées pour ces formes dans le cadre de l'AQS.

1.4.5 La nanoantenne non sphérique dans l'AQS sans corrections au premier ordre

Nous nous plaçons maintenant dans le cas plus général de l'ellipsoïde ayant trois demi-axes de longueur a, b et c différentes et tels que $a \geq b \geq c$ [20] :

Un ellipsoïde peut être décrit en coordonnées cartésiennes de la manière suivante :

$$\frac{x^2}{a^2} + \frac{y^2}{b^2} + \frac{z^2}{c^2} = 1 \tag{88}$$

Différents cas particuliers peuvent alors être identifiés (figure 1.9) :

- Si $a = b = c$, l'ellipsoïde est une sphère de rayon a ;
- Si $a = b > c$, c'est un ellipsoïde de révolution autour de l'axe z sous forme d'un sphéroïde aplati, nommé oblate ;
- Si $a > b = c$, c'est un ellipsoïde de révolution autour de l'axe x sous forme d'un sphéroïde allongé, nommé prolate ;
- Si $a \neq b \neq c$, il s'agit d'un ellipsoïde quelconque.

Les deux cas spécifiques de sphéroïdes oblates et prolates couvrent en général un très grand nombre de nanoparticules réelles. Un paramètre important pour les définir est le rapport d'aspect r=a/c.

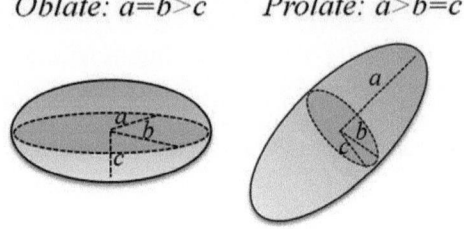

Figure 1.9 – *Représentation des deux cas particuliers de l'ellipsoïde : les sphéroïdes oblates et prolates.*

Considérons maintenant un ellipsoïde de constante diélectrique $\varepsilon_{rc}(\omega)$, plongé dans un milieu diélectrique de constante ε_1 et placé dans un champ électrique extérieur uniforme et constant (AQS). Etant donné que l'ellipsoïde possède trois dimensions différentes selon les trois axes de la nanoparticule, les conditions d'interaction du champ incident avec la nanoparticule seront différentes selon chacun des axes. Ainsi la nanoparticule aura une polarisabilité α_j ($j = a, b$ ou c correspondant aux demi-axes a, b ou c) pour chaque axe.

Pour une polarisation incidente quelconque, le dipôle induit sera la somme des dipôles sur chacun des axes. Considérons un champ incident E_i en incidence oblique sur une particule et tel que :

$$\boldsymbol{E_i} = E_{ix}\boldsymbol{e_x} + E_{iy}\boldsymbol{e_y} + E_{iz}\boldsymbol{e_z} \tag{89}$$

avec $\boldsymbol{e_x}, \boldsymbol{e_y}$ et $\boldsymbol{e_z}$, les vecteurs unitaires définissant un espace orthonormé et E_{ix}, E_{iy} et E_{iz} les amplitudes du champ respectivement suivant les direction x, y et z de cet espace. Alors le dipôle induit s'exprime par :

$$\boldsymbol{P} = \alpha_a E_{ix}\boldsymbol{e_x} + \alpha_b E_{iy}\boldsymbol{e_y} + \alpha_c E_{iz}\boldsymbol{e_z} \tag{90}$$

Avec α_j la polarisabilité selon l'axe j telle que:

$$\alpha_j = 3\varepsilon_0\varepsilon_1\beta_j V_e \tag{91}$$

avec $V_e = (4\pi/3).abc$, le volume de l'ellipsoïde et β_j définit par :

$$\beta_j = \frac{\varepsilon_{rc} - \varepsilon_1}{3L_j\varepsilon_{rc} + \varepsilon_1(3 - 3L_j)} \tag{92}$$

L_j est le facteur géométrique ou facteur de dépolarisation définit pour chaque axe de l'ellipsoïde et exprimé sous la forme :

$$L_a = \frac{abc}{2}\int_0^\infty \frac{dq}{(a^2-q)^{3/2}(b^2-q)^{1/2}(c^2-q)^{1/2}} \tag{93}$$

$$L_b = \frac{abc}{2}\int_0^\infty \frac{dq}{(a^2-q)^{1/2}(b^2-q)^{3/2}(c^2-q)^{1/2}} \tag{94}$$

$$L_c = \frac{abc}{2}\int_0^\infty \frac{dq}{(a^2-q)^{1/2}(b^2-q)^{1/2}(c^2-q)^{3/2}} \tag{95}$$

Avec les propriétés suivantes :

$$L_a + L_b + L_c = 1 \quad \text{et} \quad 0 \leq L_a \leq L_b \leq L_c \leq 1 \tag{96}$$

Cette inégalité provient du choix par convention de $a \geq b \geq c$.

On peut vérifier le cas spécial de la sphère où $a = b = c$:

$$L_a = L_b = L_c = \frac{a^3}{2}\int_0^\infty \frac{dq}{(a^2-q)^{5/2}} = \frac{1}{3} \qquad (97)$$

En remplaçant ce résultat dans l'équation (92), on retrouve bien l'expression de la polarisabilité pour la sphère.

D'une manière générale, si le rapport d'aspect r est supérieur à 1 alors $L_j < 1/3$. Plus r sera grand et plus L_j sera faible et inversement. Cela signifie alors que plus une dimension va devenir grande par rapport aux autres, plus son facteur de dépolarisation sera faible.

Pour les cas particuliers des sphéroïdes oblates et prolates, L_j peut s'exprimer en fonction de l'excentricité e :

- Pour un prolate : $e = 1 - r^2$ avec $= \frac{b}{a}$, le rapport d'aspect correspondant et

$$L_a = \frac{1-e^2}{e^2}\left[-1 + \frac{1}{2e}ln\left(\frac{1+e}{1-e}\right)\right]$$

$$L_c = L_b = \frac{1-L_a}{2} = \frac{1}{2e^2}\left[1 - \frac{1-e^2}{2e}ln\left(\frac{1+e}{1-e}\right)\right] \qquad (98)$$

- Pour un oblate : $e = 1 - r^2$ avec $= \frac{c}{a}$, le rapport d'aspect correspondant et

$$L_a = L_b = \frac{1}{2e^2}\left[\frac{\sqrt{1-e^2}}{e}arcsin(e) - (1-e^2)\right] \quad et$$

$$L_c = 1 - 2L_a = \frac{1}{e^2}\left[1 - \frac{\sqrt{1-e^2}}{e}arcsin(e)\right] \qquad (99)$$

Ainsi, des expressions précédentes, on voit que la forme d'un sphéroïde oblate peut passer d'un disque ($e = 1$) à une sphère ($e = 0$) et qu'un sphéroïde prolate peut passer d'une forme d'aiguille ($e = 1$) à une sphère.

Dans le cas des ellipsoïdes, les rendements d'absorption et de diffusion s'expriment de la manière suivante :

Pour un ellipsoïde ($a > b > c$) :
$$Q_{diff} = \frac{8\pi^2}{9\lambda^4 ac}(|\alpha_a|^2 + |\alpha_b|^2 + |\alpha_c|^2) \quad (100)$$

$$Q_{abs} = \frac{2}{3\lambda ac} Im(\alpha_a + \alpha_b + \alpha_c) \quad (101)$$

Pour un oblate ($a = c > b$) :
$$Q_{diff} = \frac{8\pi^2}{9\lambda^4 ab}(|\alpha_b|^2 + 2|\alpha_a|^2) \quad (102)$$

$$Q_{abs} = \frac{2}{3\lambda ab} Im(\alpha_b + 2\alpha_a) \quad (103)$$

Pour un prolate ($a > b = c$) :
$$Q_{diff} = \frac{8\pi^2}{9\lambda^4 ac}(|\alpha_a|^2 + 2|\alpha_b|^2) \quad (104)$$

$$Q_{abs} = \frac{2}{3\lambda ac} Im(\alpha_a + 2\alpha_b) \quad (105)$$

La condition de résonance des PSL de cet ellipsoïde dans le cas de l'AQS sans correction est atteinte lorsque la polarisabilité α_j est maximale. Cela correspond à une annulation du dénominateur de β_j et s'exprime sous la forme :

$$\alpha_{jmax} \Leftrightarrow 3L_j\varepsilon_{rc} + \varepsilon_1(3 - 3L_j) = 0 \Leftrightarrow Re(\varepsilon_{rc}) = \left(1 - \frac{1}{L_j}\right)\varepsilon_1 \quad (106)$$

Cette expression traduit bien *l'influence de la forme* de la particule sur la position de RPSL (figure 1.10).

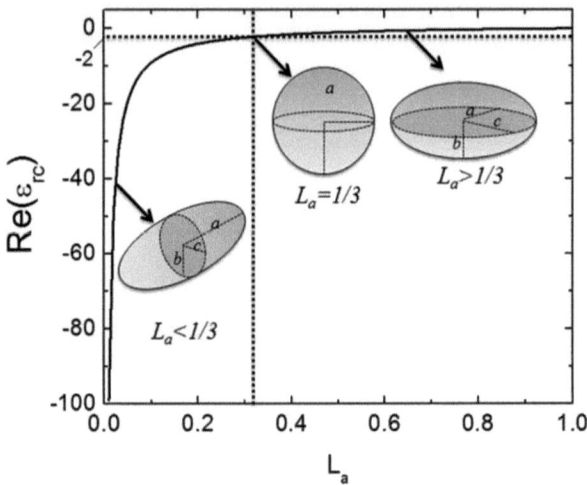

Figure 1.10 – *Evolution de la partie réelle de ε_{rc} en condition de résonance en fonction du facteur de dépolarisation L_a avec des exemples de conséquence sur la forme des ellipsoïdes dans l'air (ε_1=1).*

Si on considère maintenant le facteur de dépolarisation comme une indication sur la courbure de l'ellipsoïde le long de l'axe j considéré alors :

- lorsque $L_j > 1/3$, la nanoparticule est moins incurvée le long de l'axe considéré. Elle est donc plus plate qu'une sphère et la position de résonance correspondante est déplacée vers le bleu par rapport au cas de la sphère (voir figure 1.7) ;

- lorsque $L_j < 1/3$, la nanoparticule est plus incurvée le long de l'axe considéré et donc plus pointue qu'une sphère et la position de résonance correspondante est déplacée vers le rouge par rapport au cas de la sphère.

Il est également possible de rendre compte de la différence d'évolution de condition de résonance sur chacun des axes pour les deux cas particuliers de sphéroïdes oblates et prolates représentés en figure 1.11 à l'aide des équations (98) et (99).

D'après la figure 1.11, une diminution du rapport d'aspect r entraine une diminution de $Re(\varepsilon_{rc})$ calculée pour une condition de résonance le long de l'axe principal (calculé avec L_a). Cela induit donc un décalage vers le rouge (figure 1.7) de la position de RPSL selon l'axe principal de la nanoparticule considérée. De plus, ce décalage est plus rapide pour les sphéroïdes prolates que pour les oblates. Inversement, on remarque que cette diminution de rapport d'aspect entraine une augmentation de $Re(\varepsilon_{rc})$ calculée pour une condition de résonance le long du petit axe (calculé avec L_c ou L_b selon la forme de la nanoparticule). Cela induit donc un décalage vers le bleu de la position de RPSL selon les autres axes. L'amplitude de ces décalages est beaucoup plus faible que selon les axes principaux.

Ainsi, la *direction de polarisation du champ électrique incident* est un paramètre clé gouvernant la position de RPSL.

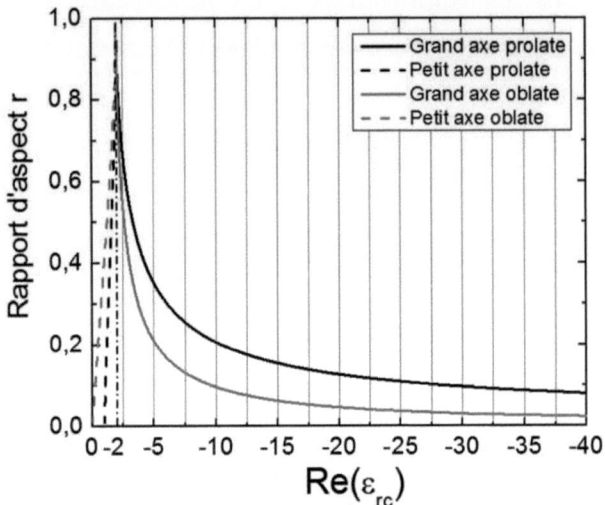

Figure 1.11 – *Valeurs du rapport d'aspect r=b/a pour les sphéroïdes prolates (courbes noires pleines selon le grand axe et pointillées pour le petit axe) et r=c/a pour les oblates (courbes grises pleines selon le grand axe et pointillées pour le petit axe) en fonction de la partie réelle de la permittivité ε_{rc}.*

Pour exprimer le champ E_e créé à l'extérieur d'un ellipsoïde, on remarque que l'équation (77) s'écrit :

$$E_e = (1 - \beta)E_i \text{ pour une sphère} \qquad (107)$$

et donc :

$$E_e = (1 - \beta_j)E_i \text{ pour un ellipsoïde} \qquad (108)$$

Si on prend maintenant la condition de résonance pour l'ellipsoïde $(\varepsilon_{rc}) = \left(1 - \frac{1}{L_j}\right)\varepsilon_1$, le facteur d'exaltation du champ électrique extérieur devient alors:

$$M_{ext} = \left[1 - \frac{1}{3l_j} - i\frac{\varepsilon_1}{3l_j^2 Im(\varepsilon_{rc})}\right]^2 \tag{109}$$

D'après cette expression, l'exaltation sera d'autant plus forte que le facteur de dépolarisation L_j sera faible. Comme nous l'avons expliqué plus haute, un L_j petit traduit une nanoparticule de forme plus incurvée le long de l'axe considéré et donc plus pointue qu'une sphère. Ainsi, la meilleure exaltation sera obtenue pour des particules allongées et excitées suivant leur axe principal.

1.4.6 La nanoantenne non sphérique dans l'AQS corrigée au premier ordre

Appliquons maintenant les corrections d'atténuation et de dépolarisation dynamique. Dans ce cas la polarisabilité α_j^{CA+DD} s'écrit :

$$\alpha_j = 3\varepsilon_0 \varepsilon_1 \beta_j^{CA+DD} V_e \tag{110}$$

Avec :

$$\beta_j^{CA+DD} = \frac{\beta_j}{1 - \frac{2}{3}i(k_1)^3 abc\beta_j - (k_1j)^2\beta_j}$$

et

$$\beta_j = \frac{\varepsilon_{rc} - \varepsilon_1}{3L_j\varepsilon_{rc} + \varepsilon_1(3 - 3L_j)} \tag{111}$$

β_j^{CA+DD} se réécrit sous la forme :

$$\beta_j^{CA+DD} = \frac{\varepsilon_{rc} - \varepsilon_1}{3L_j\varepsilon_{rc} + \varepsilon_1(3 - 3L_j) - (k_1R)^2(\varepsilon_{rc} - \varepsilon_1) - \frac{2}{3}i(k_1)^3 abc(\varepsilon_{rc} - \varepsilon}\quad(112)$$

La condition de résonance des PSL de cet ellipsoïde dans le cas de l'AQS avec correction par radiation et de dépolarisation dynamique s'écrit alors :

$$\alpha_{jmax}^{CA+DD} \Leftrightarrow 3L_j\varepsilon_{rc} + \varepsilon_1(3 - 3L_j) - (k_1j)^2(\varepsilon_{rc} - \varepsilon_1) = 0 \quad(113)$$

$$\Leftrightarrow Re(\varepsilon_{rc}) = -\left[\frac{3L_j - 3 + (k_1j)^2}{3L_j - (k_1j)^2}\right]\varepsilon_1 \quad(114)$$

Nous avons vu précédemment que la prise en compte notamment de la correction de dépolarisation dynamique induisait un décalage vers le rouge de la position de LSPR. Il en sera donc de même ici mais tout en gardant à l'esprit les observations faites dans la section précédente.

1.4.7 Couplage champ lointain et champ proche de nanoantennes

Si on considère maintenant plus d'une nanoparticule métallique en restant dans le cadre dipolaire, deux types d'interaction peuvent modifier les propriétés optiques. Si la distance d entre les nanoparticules est de l'ordre de la longueur d'onde incidente, les interactions dipolaires de type champ lointain dominent et le couplage montre une dépendance en d^{-1}. Ces interactions décalent la position de RPSL et modifient la forme du spectre d'extinction correspondant [21]. En revanche, lorsque d est très petit devant la longueur d'onde du champ incident, les interactions dipolaires de type champ proche dominent avec une dépendance en d^{-3}. Ce dernier cas peut s'avérer très intéressant pour des applications capteur dans la mesure où de petites séparations entre les nanoparticules peut mener à des zones avec un fort confinement du champ électromagnétique [22-24], c'est-à-dire, des points chauds. Une diminution de la séparation entre les nanoparticules provoque un décalage vers le rouge de la position de RPSL lorsque la polarisation du champ électrique incident est orientée suivant l'axe de couplage (figure 1.12a) tandis qu'un décalage vers le bleu est observé pour une polarisation perpendiculaire (figure 1.12b). Ces décalages proviennent de la compétition entre les forces de rappel dans les nanoparticules et une nouvelle force de couplage située entre les nanoparticules. Lorsque la distance d est réduite et lorsque la polarisation est parallèle à l'axe de couplage, la force de couplage augmente perturbant les oscillations collectives des électrons. Ainsi, la fréquence d'oscillation des électrons diminue et se traduit par un décalage vers le rouge de la longueur d'onde de RPSL. Cela se produit quelle que soit la géométrie choisie des nanoparticules (dimères [23,25,26], trimères [27] ou chaines [28], par exemple). De plus, pour une polarisation suivant l'axe de couplage, l'efficacité de couplage (définie comme le rapport entre le décalage de la position de RPSL entre un cas « couplé » et « non-couplé » et la position de RPSL d'un cas « non-couplé ») de ces configurations géométriques augmente de manière exponentielle lorsque le rapport entre d et la taille de la nanoparticule augmente [29-30].

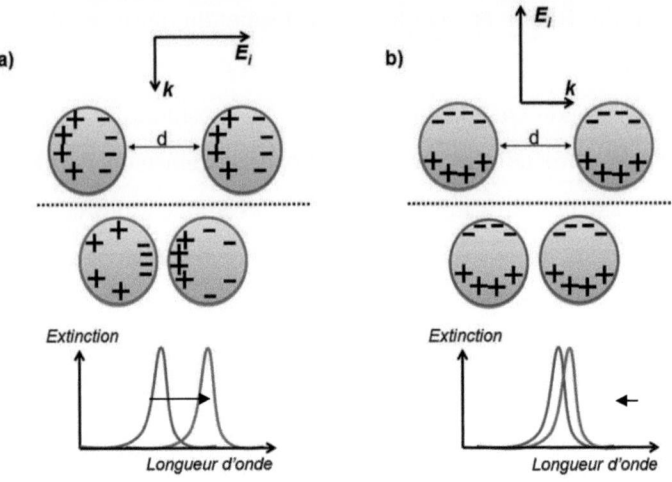

Figure 1.12 – *Répartition des charges électriques dans deux nanoparticules métalliques et incidence sur les spectres d'extinction pour une polarisation a) parallèle et b) perpendiculaire à l'axe de couplage*

Nous reviendrons plus en détails sur ces situations de couplage dans le chapitre 3.

Nous avons décrit jusqu'à présent le concept d'antenne en apportant une description physique de son interaction avec un rayonnement excitateur à l'échelle macroscopique et plus spécifiquement à l'échelle nanoscopique. Nous avons vu qu'à cette échelle, les nanoantennes présentaient des conditions de résonance avec le rayonnement incident complètement différentes de celles trouvées pour des domaines spectraux de plus grande longueur d'onde. En effet, pour ces derniers, le rayonnement incident est complètement réfléchi à la surface de l'antenne et les conditions de résonance se limitent à sa géométrie seule.

En revanche, dans le cas de la nanoantenne, le rayonnement incident la pénètre complètement et les conditions de résonances doivent alors tenir compte de la réponse du matériau constituant la nanoantenne. Celle-ci se matérialise par la création de PSL dont la résonance dépend de la *nature du métal* constituant la nanoantenne, de sa *taille*, de sa *forme*, de son *milieu environnant*, de la *polarisation du champ électrique incident* et de la *séparation entre les nanoantennes*. Une optimisation de ces conditions de résonance permet alors la création de champs électromagnétiques locaux très intenses autour de la nanoantenne et d'autant plus, *a priori*, que sa forme est allongée. Ce phénomène a permis l'apparition de nouvelles techniques de mesure se basant sur la possibilité d'exalter des phénomènes classiques tels que la fluorescence (Fluorescence Exaltée de Surface, FES [31]), la diffusion Raman (Diffusion Raman Exaltée de Surface, DRES [32]) ou encore l'absorption infrarouge (Absorption Infrarouge Exaltée de Surface, AIES [33]). Ces techniques de mesure permettent ainsi la caractérisation et la détection de faibles quantités de molécules. La section suivante vise à montrer comment le phénomène de diffusion Raman bénéficie de l'exaltation de surface fournit par une nanoantenne pour donner naissance au phénomène de DRES [34].

1.5 Diffusion Raman exaltée de surface par une nanoantenne

1.5.1 La diffusion Raman

L'introduction générale de ce manuscrit exposait deux méthodes de détection de protéine : l'une qualifiée « d'indirecte » en ayant recours à un marqueur qui rend compte de la présence de la protéine et l'autre qualifiée de « directe ». C'est cette dernière méthode qui nous intéresse. Parmi les techniques non destructives de détection directes, la spectroscopie Raman s'avère être un outil particulièrement adapté. Basée sur l'observation des vibrations moléculaires ou cristallines, la diffusion Raman donne accès à de nombreuses informations sur l'objet étudié qu'il soit liquide, solide ou même gazeux : Elle permet la description de la composition chimique (composition atomique et groupements chimiques) et de la structure (géométrie, conformation...) de n'importe quel type de molécules ou de cristaux [35]. Dans le domaine biologique qui nous intéresse, la structure chimique ainsi que la conformation et l'orientation d'une protéine peuvent ainsi être déterminées [36]. Cependant, la diffusion Raman est un phénomène connu pour sa faible section efficace, c'est-à-dire que seule une faible partie du rayonnement incident sera effectivement diffusée de manière inélastique par l'objet étudié. Le signal Raman est donc extrêmement faible comparé à d'autres phénomènes physiques comme la fluorescence ou l'absorption infrarouge. Ainsi, l'utilisation d'une grande quantité de matière est nécessaire pour collecter un signal Raman exploitable (une description de la diffusion Raman peut être trouvée en Annexe C). Typiquement, l'étude de protéines en phase liquide par exemple requiert une concentration supérieure à 10^{-4} mol/L^{-1} pour obtenir un signal suffisant et un rapport signal sur bruit acceptable. Pour des concentrations inférieures, il est alors nécessaire d'augmenter le signal de diffusion Raman de l'objet observé. Ce problème peut-être résolu par l'utilisation du phénomène de Diffusion Raman Exaltée de Surface (DRES).

1.5.2 La diffusion Raman exaltée de surface (DRES)

La première véritable observation de l'effet DRES fut attribuée en 1974 à M. Fleischmann qui parvint à détecter de la pyridine en utilisant des électrodes d'argent rendues rugueuses par des cycles d'oxydoréduction. Il observa alors une augmentation considérable du signal Raman de la pyridine [37]. Cette observation fut interprétée par une augmentation importante de la surface pouvant « accueillir » les molécules due à la modification de topologie (rugosité) de la surface et donc, par une simple augmentation du nombre de molécules adsorbées. Dans ce cas, la capacitance de l'électrode mesurée aurait dû évoluer en conséquence mais une telle évolution ne fut pas observée. Il faut attendre 1977 pour que soit mise en évidence l'origine exacte de la DRES et son lien avec les plasmons de surface [38-39]. Le concept d'exaltation électromagnétique fut réellement introduit en 1978 par M. Moskovits [40]. Depuis, de nombreuses revues ont été publiées [14, 20, 32, 41, 42] montrant l'engouement généré par la découverte de l'effet de DRES. D'après ces revues, on peut remarquer que même si tous les phénomènes à l'origine de l'effet de DRES n'ont pas encore été entièrement élucidés, un large consensus existe sur la mise en évidence de deux effets dans le phénomène d'exaltation : l'un d'origine électromagnétique et l'autre d'origine chimique.

La DRES est un phénomène très efficace permettant l'exaltation du signal Raman de n'importe quelle molécule adsorbée ou placée à proximité d'une surface métallique. Le phénomène de DRES intervient soit sur une surface métallique ayant une rugosité à l'échelle nanométrique ou sur des nanoparticules métalliques. Dans les deux cas, la DRES résulte d'interactions entre une molécule et une nanostructure métallique : une interaction chimique et une autre électromagnétique. Leurs contributions respectives à la DRES vont maintenant être explicitées.

1.5.2.1 Effet chimique en DRES

La contribution de l'effet chimique au signal DRES a été le sujet de nombreux débats et n'est toujours pas complètement résolue à ce jour. Concrètement, l'effet chimique résulte de l'adsorption de la molécule sur une surface métallique. La structure électronique de cette molécule est alors modifiée soit par la création d'un complexe soit par un transfert de charges entre la molécule et le métal modifiant ainsi sa polarisabilité. Cela se traduit par une variation de l'intensité de son signal Raman. Cette dernière description du mécanisme d'exaltation chimique est actuellement la plus étudiée et est traitée dans de nombreux articles [42, 43]. Cette exaltation chimique est d'autant plus efficace que la surface métallique sur laquelle s'adsorbent les molécules contient des défauts [44]. Il ressort d'une manière générale que la compréhension de la contribution chimique à l'exaltation en DRES est complexe et doit s'appuyer sur des méthodes de calculs telles que la density functional theory (DFT) ou la dynamique moléculaire [45]. La contribution de cet effet chimique n'excèderait pas un facteur 100 et peut donc dans la plupart des cas être négligée par rapport à l'effet électromagnétique [42].

1.5.2.2 Effet électromagnétique en DRES

A. W. Wokaun expliqua dans les années 1980 que cet effet provient de l'interaction électromagnétique entre une molécule et une nanoparticule métallique impliquant deux phénomènes distincts comme montré en figure 1.13 [20] Le premier se matérialise par l'interaction du champ incident avec une nanoparticule comme expliqué dans la section 1.4. Cela produit une exaltation locale du champ incident $\boldsymbol{E_0}$ (à la longueur d'onde λ_0). Le second phénomène est expliqué par l'interaction du signal Raman (à une longueur d'onde λ_R décalée par rapport à λ_0) diffusé par une molécule localisée à proximité de la surface de la nanoparticule. Ce second phénomène induit une exaltation du signal Raman (à λ_R) et est appelé phénomène de *re-radiation*. Pour certaines longueurs d'onde, les champs incidents $\boldsymbol{E_0}$ et rayonnés $\boldsymbol{E_{ray}}$ subissent donc une exaltation qui peut devenir très importante. En effet, dans le cas des « points chauds », on parle d'exaltation géante du champ de l'ordre de 10^2 à 10^3.

Dans le cas du champ incident $\boldsymbol{E_0}$, cette exaltation peut se quantifier par un facteur $M_{loc}(\lambda_0)$ appelé *facteur d'exaltation local* (équation 78) tel que :

$$\boldsymbol{E}_{Loc} = M_{loc}(\lambda_0)\boldsymbol{E}_0 \quad (115)$$

avec $\boldsymbol{E_{Loc}}$, le champ exalté localement par la nanoparticule à la longueur d'onde incidente λ_0 (étape 2 de la figure 1.12).

La molécule est alors excitée par le champ exalté E_{Loc} (étape 3), et va ensuite difuser son signal Raman dans toutes les directions tel que :

$$E_{diff} = \alpha E_{Loc} = \alpha M_{loc}(\lambda_0) E_0 \tag{116}$$

avec α, la polarisabilité de la molécule.

La molécule rayonne donc un champ diffusé E_{diff} à une longueur d'onde Raman λ_R décalée par rapport à λ_0 (étape 4). Notons que son rayonnement dans cette situation est donc exalté par rapport à ce qu'il serait dans le cas où il n'y aurait pas de métal à proximité. Dans un second temps, ce champ diffusé peut lui aussi interagir avec la nanoparticule et par conséquent son intensité est également exaltée par le processus de re-radiation (étape 5). Le champ rayonné exalté s'exprime alors de la manière suivante :

$$\begin{aligned}E_{ray} &= M_{ray}(\lambda_R)\alpha E_{Loc} = M_{ray}(\lambda_R) E_{diff} \\ &= \alpha M_{loc}(\lambda_0) M_{ray}(\lambda_R) E_0\end{aligned} \tag{117}$$

Finalement, l'intensité finale rayonnée exaltée I_{DRES} du signal Raman diffusé par la molécule s'écrit alors :

$$I_{DRES} = M_{loc}^2(\lambda_0) M_{rad}^2(\lambda_R) I_R = G I_R \tag{118}$$

et avec $I_R = \alpha I_0$, l'intensité du signal Raman diffusé en l'abscence de nanoparticule et donc sans exaltation et $G(\lambda_0, \lambda_R)$, l'exaltation électromagnétique totale de l'intensité du signal Raman de cette molécule définie par:

$$G(\lambda_0, \lambda_R) = M_{loc}^2(\lambda_0) M_{rad}^2(\lambda_R) \qquad (119)$$

En supposant les longueurs d'onde d'excitation et Raman proches, on peut supposer que $M_{ray} \approx M_{loc}$ et donc que $G \approx M_{loc}^4$. C'est pour cela qu'il est communément admis que l'exaltation DRES est à la puissance 4 de l'exaltation locale du champ électromagnétique produit par la nanoparticule. Néanmoins, ces deux longueurs d'onde (λ_0 et λ_R) peuvent être séparées de plusieurs dizaines de nanomètres auquel cas le décalage en longueur d'onde entre λ_0 et λ_R ne peut pas être négligée et ce décalage joue alors un rôle prépondérant sur l'exaltation du signal Raman comme nous le verrons au chapitre 2 de ce manuscrit.

Expérimentalement, l'exaltation produite est telle que des concentrations de molécules de plus en plus faibles ont pu être détectées avec pour point culminant, la détection de molécules uniques à la fin des années 1990 par S. Nie *et al* et K.Kneipp *et al* [46, 47]. Il est important de préciser que l'exaltation totale produite par l'effet DRES doit impérativement être comparée par rapport à une référence qui elle ne bénéficie pas de cette exaltation. Idéalement, l'exaltation du signal Raman produit par une molécule adsorbée ou proche d'une particule métallique doit être évaluée par rapport au signal Raman de cette même molécule mesurée dans les mêmes conditions et sans présence de la particule métallique. Comme expliqué par E. Le Ru [48], cela semble évident mais il s'avère que le choix de la mesure « hors-DRES » est souvent à l'origine d'erreurs d'évaluation du facteur d'exaltation.

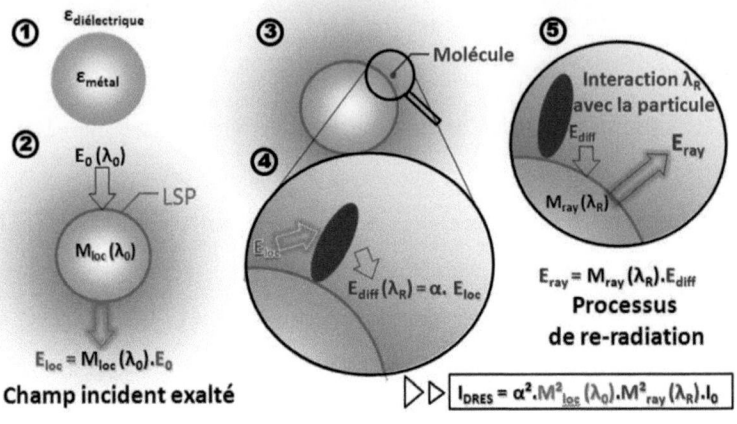

Figure 1.13 – *Présentation schématique du phénomène de DRES. 1) est la configuration requise pour la création de PSL, c'est-à-dire la présence d'une nanoparticule métallique de permittivité $\varepsilon_{métal}$ entourée d'un milieu diélectrique de permittivité $\varepsilon_{diélectrique}$ 2) Le PSL de la nanoparticule est excité par un champ électrique incident E_0 à la longueur d'onde λ_0 créant ainsi un champ électrique local E_{loc} proportionnel au facteur d'exaltation $M_{loc}(\lambda_0)$. 3) Une molécule est placée le plus proche possible de la nanoparticule 4) Le champ électrique local polarise la molécule qui diffuse alors un champ électrique E_{diff} à la longueur d'onde Raman λ_R proportionnel à la polarisabilité α de la molécule et à E_{loc}. 5) Le champ électrique diffusé par la molécule interagit ensuite avec la nanoparticule créant ainsi un champ électrique E_{rad} proportionnel au facteur d'exaltation $M_{rad}(\lambda_R)$.*

L'exemple des premières estimations du facteur d'exaltation provenant de la mesure de molécules uniques en est la preuve.

La diffusion Raman exaltée de surface

En effet, dans les premières publications sur l'observation de la molécule unique, les auteurs estimaient que le facteur d'exaltation produit par la DRES était de l'ordre de 10^{14}. Brièvement, les molécules DRES étudiées étaient des fluorophores excités sous conditions de résonance et leur facteur d'exaltation fut évalué par rapport à une mesure du signal Raman de petites molécules non-résonantes. De nouvelles études plus rigoureuses déterminant le facteur d'exaltation par rapport à la même molécule hors-DRES l'évaluent désormais plutôt autour de 10^{10} [49]. Le maximum de la contribution de l'effet chimique à l'exaltation en DRES ayant été évalué à 10^2, celui de la contribution de l'effet électromagnétique est donc évalué entre 10^8 et 10^{10}.

Nous avons vu en section 1.4 que la position de résonance a de fortes répercussions sur l'exaltation du champ électromagnétique locale et donc sur le facteur $M_{loc}(\lambda_0)$ associé. On remarque également dans cette section 1.5 que l'exaltation totale G du signal Raman d'une protéine adsorbée à une nanoparticule métallique dépend également de cette position de RPSL. Or, la section 1.4 a mis en valeur trois paramètres influençant cette position : la taille, la forme et le milieu environnant la nanoparticule métallique. Ainsi, la section suivante propose la description de techniques de fabrication couramment utilisées et appelées *nanolithographies* pour la conception de rangées de nanoparticules métalliques à deux dimensions dont la taille et la forme sont contrôlées à l'échelle nanométrique et permettant par la même le contrôle de leurs propriétés optiques.

1.6 Fabrication des substrats pour les spectroscopies exaltées par nanolithographie

1.6.1 Substrats présentant des RPSL

On trouve dans la littérature de nombreuses techniques permettant de fabriquer des substrats présentant des RPSL. Ils peuvent être classés en trois grands groups listés par apparition historique et représentés en figure 1.14 : les électrodes métalliques, les nanoparticules métalliques en solution et les nanostructures métalliques déposées sur des substrats plans.

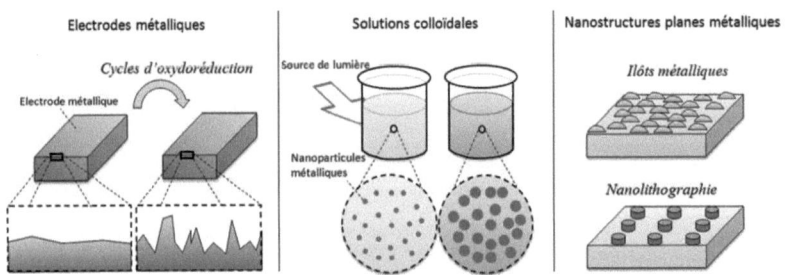

Figure 1.14 - *Trois grands groupes de substrats présentant des RPSL. De gauche à droite: les électrodes métalliques rendues rugueuses par des cycles d'oxydoréduction, des solutions colloïdales et des nanostructures métalliques planes (figure supérieure : substrat non organisé ; figure inférieure : substrat organisé).*

Les électrodes métalliques ont joué un rôle clé dans le développement et la découverte de la DRES [37]. Même si d'autres métaux peuvent être utilités pour fabriquer ces électrodes, les plus utilisées restent l'or et l'argent.

Ces électrodes ont de nombreuses applications en électrochimie et les états électroniques des molécules déposées pouvant être sondés par ces substrats, la contribution de l'effet chimique au phénomène de DRES peut ainsi être étudiée.

Les nanoparticules métalliques en solution sont des colloïdes métalliques principalement constitués d'or ou d'argent et sont, de nos jours, les plus utilisés en DRES [49]. Ils ont pris une part importante dans la compréhension et le développement d'applications liées à la DRES en rendant possible notamment la détection de la molécule unique [47]. Leur avantage provient de la possibilité d'avoir plusieurs zones dans la solution où la proximité entre les nanoparticules produit ce qu'on appelle un point-chaud. Il s'agit d'une zone de l'espace où le champ électromagnétique local est extrêmement exalté par l couplage électromagnétique entre deux ou un ensemble de nanoparticules. Les colloïdes métalliques sont principalement utilisés pour de la détection en solution bien qu'ils puissent également être déposés sur une surface.

Dans ce dernier cas, des "films" de nanoparticules métalliques sont créés. Cette technique de nanostructuration sur un substrat plan a longtemps été un exemple classique de ce genre de substrat. Cependant, cette stratégie de dépôt de nanoparticules et leur caractérisation sont difficiles à reproduire. De plus, des études systématiques permettant une meilleure compréhension de l'exaltation du champ électromagnétique locale ainsi que du phénomène de DRES sont rendues presque impossibles à cause de la faible précision du contrôle de la distribution des nanoparticules en surface.

Afin d'optimiser les performances d'un capteur dont la position de RPSL est située dans le domaine du visible, des tailles de nanostructures inférieures à 200 nm doivent être choisies dans le but de n'avoir que la contribution dipolaire. Un contrôle précis des paramètres géométriques est ensuite requis pour étudier leur efficacité en tant que capteur et les techniques de fabrication doivent être hautement reproductibles dans l'optique du développement d'un capteur fiable. Pour créer une structuration de surface avec des particules métalliques à l'échelle nanométrique, les techniques de nanolithographie sont les plus adaptées et spécialement lorsqu'un contrôle des paramètres géométriques est exigé. En effet, ces techniques permettent un excellent contrôle de la taille, de la forme, de la distribution de surface et, par extension, des propriétés optiques des nanoparticules déposées. Pour créer des nanocapteurs, une large palette de techniques de nanolithographie est à disposition en utilisant aussi bien une approche « top-down » qu'une approche « bottom-up ». Dans cet article, nous distinguons des techniques de nanolithographie conventionnelles et non conventionnelles. Pour les premières, nous porterons notre attention sur les techniques basées soit sur la transmission de lumière à travers un masque (lithographie optique) ou sur des techniques utilisant des faisceaux focalisés (lithographies par faisceau d'électrons ou d'ions). Pour les techniques non conventionnelles, les substrats réalisés par des techniques douces (soft lithography en anglais) (lithographie par nanoimpression) et également par une technique nécessitant une étape d'auto-organisation (lithographie par nanosphères) seront décris.

1.6.2 Nanolithographies conventionnelles

Le paramètre principal motivant le choix d'une technique de nanolithographie est la taille du motif désiré. Il y a encore 10 ans, il était difficile de considérer la moindre structuration à l'échelle nanométrique par *lithographie optique* dans la mesure où la meilleure résolution atteignable dépend de la longueur d'onde du faisceau d'irradiation, ce dernier restant soumis à la limite de diffraction. Le principe de la lithographie optique se base sur l'irradiation par des photons à travers un masque d'une résine (habituellement du polyméthacrylate de méthyle, PMMA) déposée par la technique du « spin-coating » sur un substrat (Figure 1.15, étape 1). Le masque est composé d'un matériau transparent sur lequel des motifs absorbant ont été dessinés. Le masque est ensuite irradié, une partie des photons étant absorbés par les motifs du masque, les autres atteignant le substrat après avoir traversé le masque (Figure 1.15, étape 2). Suivant la technique choisie, le masque peut être mis en contact ou très proche du substrat auquel cas les motifs reproduits sur la résine le sont à une échelle 1 : 1 ou alors, le masque peut être séparé du substrat par un réseau de lentilles auquel cas la taille du motif peut être réduite de 5 à 20 fois sur la résine [50]. On comprend donc que la meilleure résolution atteignable dépend également de la qualité du masque. Il est communément admis qu'une source lumineuse peut définir des motifs dont la résolution est proportionnelle à $\lambda/2$ (et inversement proportionnelle à l'ouverture numérique de l'objectif utilisé). Il est donc naturel de chercher à diminuer le plus possible la longueur d'onde d'irradiation en utilisant un rayonnement dans le domaine ultraviolet (UV) du spectre électromagnétique. L'ordre de grandeur de la longueur d'onde d'irradiation minimale la plus fiable utilisée est de 200 nm (UV profond). Elle est générée par un laser à base de fluor et permet d'atteindre une résolution d'environ 100 nm (en considérant une ouverture numérique optimisée) [51]. L'irradiation est suivie par un développement chimique visant à dissoudre les zones irradiées

(Figure 1.15, étape 3). Une couche de métal est ensuite déposée remplissant entre autres, les motifs (Figure 1.15, étape 4). L'étape de lift-off décolle ensuite la résine sur laquelle s'est déposé le métal ne laissant ainsi sur le substrat que le « négatif métallique» des motifs (Figure 1.15, étape 5). Même si les motifs dessinés sur le masque ne peuvent être modifiés, la lithographie optique est une technique de fabrication en parallèle avec une grande vitesse d'irradiation (> cm^2/s) et est une méthode très répandue dans l'industrie des circuits intégrés. Ce serait évidemment une technique intéressante dans l'objectif de production de masse de capteurs (ceci a été étudié récemment dans les publications : [52-53]).

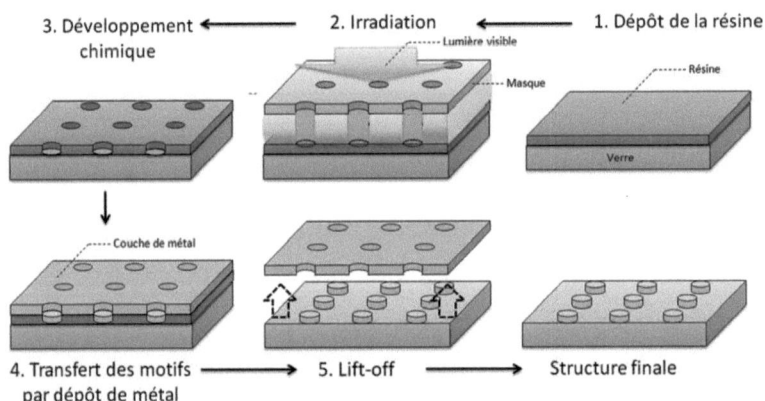

Figure 1.15 – *Représentation des étapes requises pour l'élaboration de rangées de nanocylindres métalliques par la technique de lithographie UV.*

Une technique de fabrication de nanostructures de taille inférieure à 100 nm à la fois fiable et précise est la *lithographie par faisceau d'électrons* (*LFE*, figure 1.16). En effet, avec les électrons, il est possible d'atteindre des énergies d'irradiation supérieures et donc des longueurs d'ondes inférieures à celles des photons. Une meilleure résolution (autour de 20 nm) est donc atteignable. Les électrons sont dans un premier temps émis à l'extrémité d'un fil de tungstène soumis à une forte tension (de quelques keV dans un microscope électronique à balayage à 100 keV dans un microscope électronique en transmission). Un ensemble de lentilles magnétiques focalise ensuite le faisceau créé sur une résine préalablement déposée par « spin-coating » sur un substrat conducteur (ou rendu conducteur par le dépôt d'une fine couche de métal) (Figure 1.16, étapes 1 et 2). Les zones irradiées sont ensuite retirées par un développement chimique (Figure 1.16, étape 3) produisant ainsi des trous dans la résine de la taille et la forme désirées (Ceci revient donc à la création d'un masque en résine à la surface du substrat). Tout comme pour la lithographie optique, la résine la plus utilisées est le PMMA mais d'autres résines comme l'hydrogensilsesquioxane (HSQ) peuvent être employées pour atteindre de meilleures résolutions [54,55]. Les étapes suivantes sont identiques à celles vue en lithographie optique (Figure 1.16, étapes 4-5 et 6) [56]. La technique de LFE permet la fabrication d'un éventail important de géométries de nanoparticules comme des rangées de nanocylindres, de nanobâtonnets [57], de nanotriangles, de nanocarrés [58], de nanoanneaux [59] ou de structures plus exotiques comme des nanocroissants [60]. Ces nanoparticules peuvent être couplées en champ proche selon une direction et configurées en réseaux de dimères [61], de trimères [62] ou couplées dans deux directions (réseaux couplés) [63,64]. Des rangées de nanostructures de formes mixtes [65] aussi bien que des configurations apériodiques [66] peuvent également être créées. Des agrégats [67] ainsi que des grains [68] peuvent être imités. Des nanostructures en trois dimensions peuvent également être créées [69]. La contrepartie de cette excellente précision obtenue par LFE réside dans la lenteur de fabrication (environ 10^{-5} cm^2/s) et son coût élevé (coût d'achat et d'entretien du microscope électronique, expertise d'utilisation).

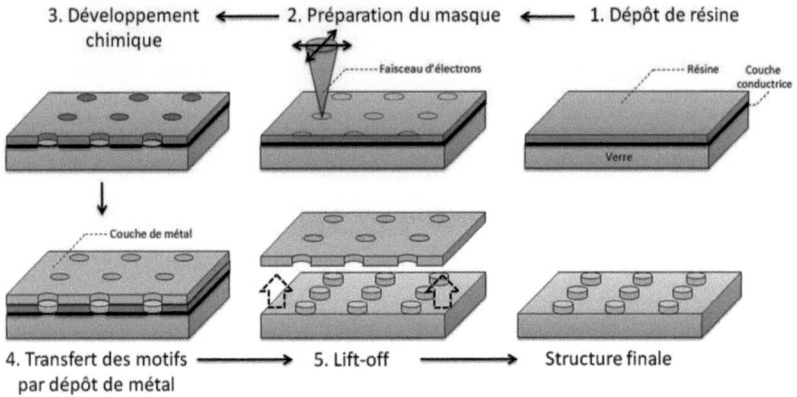

Figure 1.16 – *Représentation des étapes requises pour l'élaboration de rangées de nanocylindres métalliques par la technique de lithographie par faisceau d'électrons.*

Lorsqu'une résolution inférieure est requise, une alternative à la LFE est de remplacer les électrons par des ions donnant ainsi naissance à la *lithographie par faisceau d'ions focalisés* (*LFIF,* figure 1.17) [56].

En effet, la masse plus imposante des ions donne l'opportunité de dessiner directement les motifs sur le substrat sur lequel le faisceau d'ions est focalisé. Au début de l'utilisation d'ions dans un objectif de nanofabrication, le principal inconvénient provenait de la source d'ions et de l'incapacité d'atteindre de faibles tailles de faisceau. Ce problème fut résolu par l'utilisation de sources d'ions provenant de métaux liquide (liquid metal ion sources, LMIS en anglais). Tout comme pour la LFE, un fil de tungstène est le matériau de base pour créer la source irradiante. Cependant, pour créer la source d'ions, le fil est gravé en forme de pointe d'aiguille dont le rayon en extrémité est de quelques microns. Une fine couche de gallium fondu (température de fusion à 29.8 °C) est ensuite déposée sur la surface de l'aiguille. L'application d'une forte tension créant un champ électrique de l'ordre de 10^{10} V.m^{-1} provoque la formation d'une goutte métallique à la pointe de l'aiguille. Par conséquent, les ions du métal liquide sont arrachés créant ainsi la source d'ions. Du fait d'une faible zone d'émission (pointe de l'aiguille), la densité de courant est extrêmement élevée (environ 10^6 A.cm^{-2}) permettant ainsi une focalisation précise sur le substrat par l'intermédiaire de lentilles électrostatiques. Avec un faisceau de faible taille véhiculant des particules de masse importante, de la matière peut être directement retirée à l'échelle nanométrique (nano-gravure). Pour des capteurs basés sur un phénomène d'exaltation de surface, la LFIF est utilisée plus particulièrement pour créer des rangées de nanotrous [70-72], de double nanotrous [73], de nanofentes [74,75] ou de nanorainures en forme de V [76] dans des films métalliques minces. Cependant, il existe différents inconvénients à l'utilisation de la LFIF : l'énergie dispersée par les ions émis (environ 15 eV) est supérieure que celle émise par des électrons (environ 1 eV) en LFE et possède également un angle d'émission bien plus large. Cela induit une augmentation des aberrations chromatiques et sphériques et rend le faisceau d'ions bien plus difficile à focaliser que le faisceau d'électrons. De plus, puisqu'il s'agit d'une technologie par faisceau focalisé, la fabrication de substrats se révèle à la fois coûteuse en temps et en argent ce qui rend complexe son utilisation en milieu industriel.

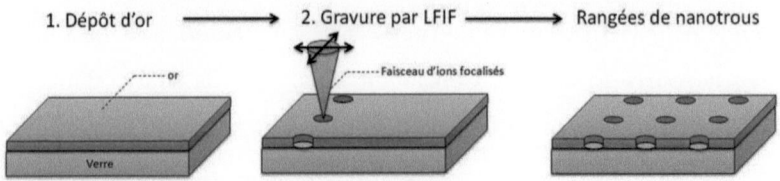

Figure 1.17 – *Représentation des étapes requises pour l'élaboration de rangées de nanotrous dans un film d'or mince par la technique de lithographie par faisceau d'ions focalisés.*

1.6.3 Nanolithographies non conventionnelles

La *lithographie par nanoimpression* (*LNI*, NIL en anglais figure 1.18) est une technique relativement jeune proposée par Chou *et al* en 1995. Il s'agit d'une alternative peu coûteuse et à fort rendement pour la fabrication de motifs de haute résolution et dont le développement a été motivé par le coût élevé et la résolution limitée de la lithographie optique [77]. Actuellement, il existe une grande variété de techniques de LNI mais deux d'entre elles sont plus largement répandues : la lithographie par nanoimpression thermique (LNI-T ou T-NIL en anglais, cette technique est également désignée sous le nom de hot embossing lithography) [78] et la lithographie par nanoimpression UV (LNI-UV, UV-NIL en anglais) [79].

Le principe de la LNI est basé sur la modification mécanique d'une fine couche de polymère (résine) par l'utilisation d'un tampon sur lequel ont été dessinés au préalable les motifs à reproduire. Cette modification mécanique est alors combinée à un processus soit thermo-mécanique soit lumineux (UV). En d'autres termes, la LNI utilise le contact direct entre un tampon et un matériau thermoplastique (LNI-T) ou une résine semble aux rayonnements

UV (LNI-UV) pour imprimer les motifs dans la résine (Figure 1.18, étapes 2 et 3). Le tampon est généralement un élastomère structuré et habituellement constitué de poly(diméthylsiloxane) (PDMS) dur ou de PDMS insensible aux rayonnements UV. Préalablement, le tampon a été fabriqué à partir d'un moule dans lequel les motifs peuvent être créés par lithographie à faisceau. Ces motifs peuvent donc potentiellement avoir toutes les formes et tailles accessible par cette technique. Par conséquent, la LNI dépasse les limites rencontrées en LFE et en LFIF dans la mesure où les motifs sont ici simplement dupliqués dans la résine. La qualité des tampons est cruciale puisqu'ils sont utilisés de manière répétitive. La séparation du tampon et de la résine est suivit par une étape de gravure (dans les deux méthodes de LNI présentées précédemment) afin d'enlever la résine restée à l'intérieur des motifs (Figure 1.18, étape 4). Une couche métallique est ensuite déposée par évaporation métallique juste avant le retrait total de la résine (Figure 1.18, étapes 5 et 6).

Il s'agit donc d'une approche différente des techniques lithographiques dites « conventionnelles » pour lesquelles la création des motifs est faite par l'utilisation de photons (lithographie optique) ou d'électrons (LFE) pour modifier les propriétés physiques et chimiques d'une résine.

De nombreux substrats incluant les wafers de silicium, des couches de verre, des films polymères flexibles ou de polyéthylène téréphtalate (PET) ou encore des substrats non plans peuvent être utilisés pour la LNI [80]. Les principaux avantages de la LNI comparés aux lithographies « classiques » résident dans le fait qu'elle ne requiert pas d'optiques complexes et coûteuses et qu'elle permet la fabrication de très larges zones contenant des nanostructures complexes en trois dimensions à un faible coût et un haut rendement [81,82]. A l'extrême limite, la LNI peut produire des structures de tailles inférieures à 10 nm sur de grandes surfaces [82]. Finalement, la qualité des motifs transférés tient à deux paramètres : le comportement mécanique de la résine lorsqu'elle est en contact avec le tampon et la facilité de ce dernier à s'extraire de la couche de résine.

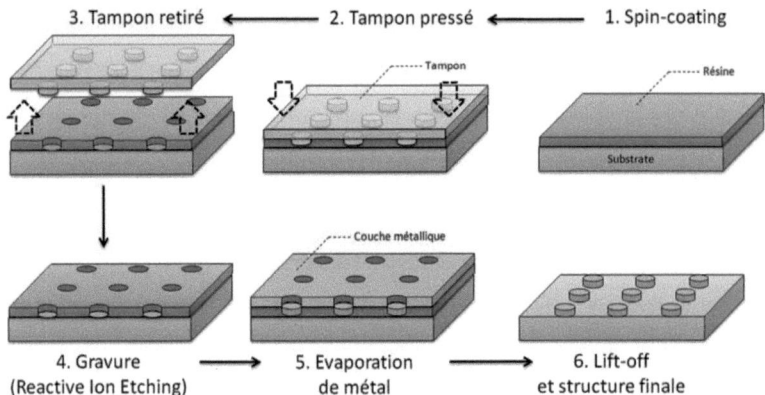

Figure 1.18 – *Représentation des étapes requises pour l'élaboration de réseaux de nanocylindres par la technique de lithographie par nanoimpression.*

Toutes les techniques de fabrication décrites précédemment sont basées sur des processus top-down. La technique qui va être décrite maintenant est une technique dite bottom-up qui permet d'obtenir des surfaces nanostructurées dont la taille des particules est inférieure à 100 nm et offre une maîtrise de leurs propriétés optiques. Cette technique a été proposée par Fisher et al [83] et Deckmann et al [84] juste avant d'être répandue à plus grande échelle par le groupe de Van Duyne dans les années 1990 [85]. Ce processus bottom-up consiste ici en une auto-organisation de monocouches de nanosphères sur une surface. Une monocouche de nanosphère a donc exactement la même fonction que le masque utilisé dans les techniques de lithographie présentées précédemment. C'est donc naturellement que cette technique de fabrication a été nommée *lithographie par nanosphères* (*LNS, nanosphere lithographie, NSL*, figure1.19). La monocouche est faite de billes de latex ou de silice organisées en réseau triangulaire sur des surfaces de 10 à 100 μm^2 sans défaut. Des rangées de vides de forme triangulaire sont donc naturellement créées (figure1.19, étape 1). Une couche de métal est ensuite évaporée sur la surface auto-assemblée couvrant les nanosphères et remplissant les vides (figure1.19, étape 2). Cette étape donne naissance à deux types de substrats : (i) des réseaux de nanoparticules métalliques sont créées en retirant les nanosphères de la surface. La taille de ces nanoparticules est alors contrôlée par la taille des nanosphères et par l'épaisseur de métal évaporée. Leur forme dépend quant à elle du nombre de monocouches de nanosphères (figure1.19, étape 3). Concrètement, une seule monocouche produit des réseaux de nanoparticules de section triangulaires tandis que l'utilisation de deux couches superposées (avant dépôt de métal) leur donne une section hexagonale [86]. D'autres configurations géométriques telles que de petites séparations entre les nanoparticules, des nanoparticules qui se chevauchent ou même des chaines de nanoparticules peuvent être fabriquées en jouant sur l'angle de dépôt du métal [87]. La facilité et le faible coût de cette technique ainsi que la capacité de contrôle des particules à l'échelle nanométrique en fait une excellente candidate pour des applications capteurs [88]. (ii) la monocouche de nanosphères recouvertes de métal est également un substrat à part entière dans la mesure où la rugosité de surface créée naturellement lors du dépôt du métal peut s'avérer être très avantageuse. Ce type de substrat prend le nom de *film métallique sur nanosphères (FMSN ou metallic film over nanospheres, MFON,* figure1.19, étape 2*)* et est particulièrement adapté pour des applications basée sur la DRES par exemple [89,90]. Des réseaux de nanotrous dans un film mince métallique peuvent également être fabriqués par LNS en utilisant un auto-assemblage d'une monocouche de nanosphères de polystyrène réalisée par dépôt électrochimique. La géométrie des nanotrous est contrôlée par l'épaisseur de la couche de métal déposée [91,92]. En LNS, la qualité du substrat final dépend principalement de l'étape d'auto-assemblage des nanosphères. Des défauts tels que des dislocations ou des trous peuvent ainsi apparaître dans la monocouche et, par conséquent, dans les réseaux de nanoparticules.

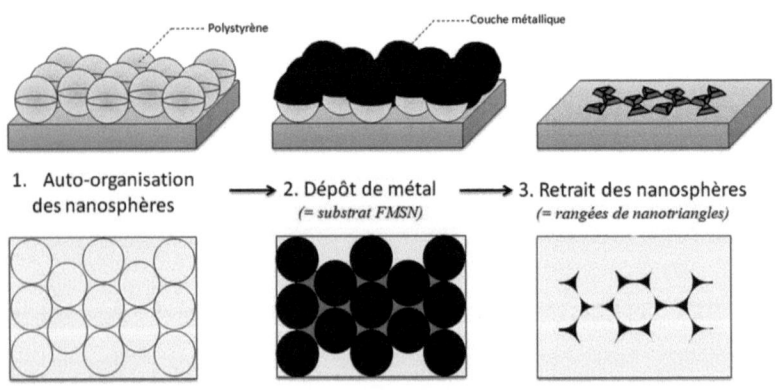

1. Auto-organisation des nanosphères
2. Dépôt de métal (= substrat FMSN)
3. Retrait des nanosphères (= rangées de nanotriangles)

Figure 1.19 – *Représentation des étapes requises pour l'élaboration d'un film métallique sur nanosphères (étapes 1 et 2) ainsi que de rangées de nanoparticules de section triangulaires (étapes 1 à 3).*

1.7 Conclusion

Ce chapitre a mis en évidence le concept d'antenne à l'échelle nanométrique et a permis d'expliquer son potentiel d'exaltation de la moindre information localisée à sa proximité. Ce potentiel d'exaltation varie en fonction de la longueur d'onde d'excitation choisie et devient maximale lorsque celle-ci est proche de la fréquence d'oscillation collective des électrons constituant la nanoantenne : c'est la condition de RPSL. Or, il a été mis en valeur dans ce chapitre que cette longueur d'onde de RPSL peut être variée suivant les sept paramètres suivants :

(i) la *nature du métal* ;

(ii) la *taille* de la nanoantenne;

(iii) sa *forme* ;

(iv) son *milieu environnant* ;

(v) la *polarisation du champ électrique incident* ;

(vi) la *séparation entre les nanoparticules* ;

(vii) la présence d'*ordres supérieurs de résonance*.

En gouvernant l'exaltation maximale produite par des nanoantennes, ces paramètres gouvernent par conséquent, leur sensibilité dans le cadre d'une utilisation en tant que capteur. Nous allons montrer dans le chapitre suivant comment il est possible d'optimiser ces paramètres, et donc d'atteindre le maximum d'exaltation du champ électromagnétique local et, par conséquent, le maximum d'intensité Raman dans le cadre d'un capteur par DRES basé sur un substrat nanolithographié. Enfin, la dernière section de ce chapitre a exposé la possibilité technologique de pouvoir contrôler les paramètres géométriques énoncés précédemment (ii, iii et vi) par l'utilisation de la nanolithographie.

Les travaux menés durant cette thèse se sont appuyé sur l'utilisation de nanoparticules d'or (paramètre i). Leurs propriétés optiques n'assurent, certes, pas d'aussi bonnes performances en termes d'exaltation que l'argent ("leader" dans ce domaine) mais la biocompatibilité de l'or est un avantage primordial dans le cadre de la création de capteurs biologiques et chimiques (paramètre iv). Ces nanoparticules d'or ont été déposées en réseaux sur des substrats fabriqués par lithographie par faisceau d'électron (annexe A). La perspective de création de capteurs a motivé ce choix dans la mesure où cette technique de fabrication assure un large choix de tailles (paramètres ii, vi, vii), de formes (paramètre iii) et de séparation (paramètre vi) contrôlées de manière précise et assurant une reproductibilité nécessaire à la création de capteurs.

Bibliographie

[1] Hertz, E. *Electric Waves: Being Researches on the Propagation of Electric Action with Finite Velocity through Space*. (Leipzig, 1895).

[2] Barchiesi, D. & Lamy de la Chapelle, M. *Ondes et matière*. (Ellipse: Paris, 2007).

[3] Drude, P. *Annalen der Physik* 566 (1900).

[4] Aschcroft, N. W. & Mermin, N. D. *Solid State Physics*. (Saunders: Philadelphie, 1976).

[5] Lorentz, H. A.*Proc. R. Acad. Sci. Amsterdam* **7**, 438 (1905).

[6] Perez, J.-P., Carles, R. & Fleckinger, R. *Electromagnétisme*. (Dunod: 2009).

[7] Johnson, P. B. & Christy, R. W. Optical constants of noble metals. *PRB* **6**, 4370 (1972).

[8] Rudberg, E. Characteristic energy losses of electrons scattered from incandescent solids. *Proc. Roy. Soc. A* **127**, 111 (1930).

[9] Blackstock, A. W., Ritchie, R. H. & Birkho, R. D. Mean free path for discrete electron energy losses in metallic foils. *Phys. Rev.* **100**, 1078 (1955).

[10] Raether, H. *Surface Plasmons on smooth and rough surfaces and on gratings*. **111**, (1988).

[11] Otto, A.*Z. Phys.* **216**, 398 (1968).

[12] Kretshmann, E.*Z. Phys.* **241**, 313 (1971).

[13] Mie, G. Beiträge zur Optik trüber Medien, speziell kolloidaler Metallösungen. *Ann. Physik* **25**, 377–445 (1908).

[14] Le Ru, E. C. & Etchegoin, P. G. *Principles of Surface-Enhanced Raman Spectroscopy and Related Plasmonic Effects*. (Elsevier: New York, 2009).

[15] Bohren, C. F. & Huffmann, D. R. *Absorption and Scattering of Light by Small Particles*. (Wiley: New York, 1983).

[16] Jain, P.K. and El-Sayed, M.A. Plasmonic coupling in noble

metal nanostructures. *Chem. Phys. Lett.* **487**, 153–164 (2010).

[17] Weissleder, R. A clearer vision for in vivo imaging. *Nat. Biotech.* **19**, 316–317 (2001).

[18] Wokaun, A., Gordon, J. P. & Liao, P. F. Radiation Damping in Surface-Enhanced Raman Scattering. *Phys. Rev. Lett.* **48**, 957–960 (1982).

[19] Meier, M. & Wokaun, A. Enhanced fields on large metal particles: dynamic depolarization. *Opt. Lett.* **8**, 581–583 (1983).

[20] Wokaun, A. Surface-Enhanced Electromagnetic Processes. *Solid State Physics* **38**, 223–294 (1984).

[21] Lamprecht B. *et al.* Metal Nanoparticle Gratings: Influence of Dipolar Particle Interaction on the Plasmon Resonance. *Phys. Rev. Lett.* **84**, 4721 (2000).

[22] Kottmann, J. & Martin, O. Retardation-induced plasmon resonances in coupled nanoparticles. *Opt. Lett.* **26**, 1096–1098 (2001).

[23] Aizpurua, J. Bryant, G. Richter, L. & Garcia de Abajo, F. Optical properties of coupled metallic nanorods for field-enhanced spectroscopy. *Phys. Rev. B* **71**, 235420 (2005).

[24] Liu Z. *et al.* Plasmonic nanoantenna arrays for the visible. *Metamaterials* **2**, 45–51 (2008).

[25] Rechberger W. *et al.* Optical properties of two interacting gold nanoparticles. *Opt. Comm.* **220**, 137–141 (2003).

[26] Tabor, C. Van Haute, D. & El-Sayed, M.A. Effect of Orientation on Plasmonic Coupling between Gold Nanorods. *ACS Nano* **3**, 3670–3678 (2009).

[27] Alegret, J. *et al.* Plasmonic Properties of Silver Trimers with Trigonal Symmetry Fabricated by Electron-Beam Lithography. *J. Phys. Chem. C* **112**, 14313–14317 (2008).

[28] Maier, S. Brongersma, M.L. & Atwater, H.A. Observation of near-field coupling in metal nanoparticle chains using far-field polarization spectroscopy.. *Phys. Rev. B* **35**, 193408 (2002).

[29] Jain, P.K. Huang, W. & El-Sayed, M.A. On the Universal Scaling Behavior of the Distance Decay of Plasmon Coupling in Metal Nanoparticle Pairs: A Plasmon Ruler Equation. *Nano Lett.* **7**, 2080–2088 (2007).

[30] Jain, P.K. & El-Sayed, M.A. Surface Plasmon Coupling and Its Universal Size Scaling in Metal Nanostructures of Complex Geometry: Elongated Particle Pairs and Nanosphere Trimers. *J. Phys. Chem. C* **112**, 4954–4960 (2008).

[31] Geddes, C. D. & lakowicz, J. R. Metal-Enhanced Fluorescence. *Journal of Fluorescence* **12**, 121 (2002).

[32] Moskovits, M. Surface-enhanced spectroscopy. *Rev. Mod. Phys.* **57**, 783–826 (1985).

[33] Osawa, M. Surface Enhanced InfraRed Absorption. *Appl. Phys.* **81**, 163 (2001).

[34] Petryayeva, E. & Krull, U. J. Localized surface plasmon resonance: Nanostructures, bioassays and biosensing—A review. *Analytica Chemica Acta* **706**, 8–24 (2011).

[35] Ferraro, J., Nakamoto, K. & Brown, C. *Introductory Raman Spectroscopy*. (Academic Press: 2002).

[36] Siebert, F. & Hildebrandt, P. *Vibrational spectroscopy in life science*. (Wiley-vch: 2008).

[37] Fleischmann, M., Hendra, P. J. & McQuillan, A. J. Raman spectra of pyridine adsorbed at a silver electrode. *CPL* **26**, 163–166 (1974).

[38] Jeanmaire, D. L. & Van Duyne, R. P. Surface raman spectroelectrochemistry: Part I. Heterocyclic, aromatic, and aliphatic amines adsorbed on the anodized silver electrode. *Journal of Electroanalytical Chemistry and Interfacial Electrochemistry* **84**, 1–20 (1977).

[39] Albrecht, M. G. & Creighton, J. A. Anomalously intense Raman spectra of pyridine at a silver electrode. *J. Am. Chem. Soc.* **99**, 5215–5217 (1977).

[40] Moskovits, M. Surface roughness and the enhanced intensity of Raman scattering by molecules adsorbed on metals. *J.*

Chem. Phys. **69**, 4159 (1978).

[41] Otto, A., Pockrand, I., Billmann, J. & Pettenkofer, C.*Surface enhanced Raman Scattering* 147 (1987).

[42] Campion, A. & Kambhampati, P. Surface-enhanced Raman scattering. *Chem. Soc. Rev.* **27**, 241–250 (1998).

[43] Otto, A. Surface enhanced Raman scattering: 'classical' and 'chemical' origins. *Light Scattering in Solids* **IV**, (1984).

[44] Otto, A., Timper, J. & Pockrand, I. Enhanced Inelastic Light Scattering from Metal Electrodes Caused by Adatoms. *Phys. Rev. Lett.* **45**, 46–49 (1980).

[45] Wu, D.-Y., Duan, S., Ren, B. & Tian, Z.-Q. Density functional theory study of surface-enhanced Raman scattering spectra of pyridine adsorbed on noble and transition metal surfaces. *J. Raman Spectrosc.* **36**, 533–540 (2005).

[46] Nie, S. & Emory, S. R. Probing Single Molecules and Single Nanoparticles by Surface-Enhanced Raman Scattering. *Science* **275**, 1102–1106 (1997).

[47] Kneipp, K. *et al.* Single Molecule Detection Using Surface-Enhanced Raman Scattering (SERS). *Phys. Rev. Lett.* **78**, 1667–1670 (1997).

[48] Le Ru, E. C. & Etchegoin, P. G. Chapter 4 - SERS enhancement factors and related topics. *Principles of Surface-Enhanced Raman Spectroscopy* 185–264 (2009).

[49] Aroca, R. F., Alvarez-Puebla, R. A., Pieczonka, N., Sanchez-Cortez, S. & Garcia-Ramos, J. V. Surface-enhanced Raman scattering on colloidal nanostructures. *Advances in Colloid and Interface Science* **116**, 45–61 (2005).

[50] Zheng, C. *Nanofabrication by photons*, in: *Nanofabrication principles, capabilities and limites*. Springer US, pp. 7-73 (2009).

[51] Burn, J. L. Optical lithography—present and future challenges. *C. R. Physique* **7**, 858–874 (2006).

[52] Tan, R. Z. *et al.* 3D arrays of SERS substrate for ultrasensitive molecular detection. *Sensors and Actuators A: Physical* **139**, 36–41 (2007).

[53] Dinish, U. S. Yaw, F. C. Agarwal, A. & Olivo, M. Development of highly reproducible nanogap SERS substrates: Comparative performance analysis and its application for glucose sensing. *Biosens. Bioelec.* **26**, 1987–1992 (2011).

[54] Word, M. J. Adesida, I. & Berger, P. R. Nanometer-period gratings in hydrogen silsesquioxane fabricated by electron beam lithography. *J. Vac. Sci. Technol. B* **21**, L12 (2003).

[55] Yamazak,i K. & Namatsu, H. 5-nm-Order Electron-Beam Lithography for Nanodevice Fabrication. *Jpn. J. Appl. Phys* **43**, 3767 (2004).

[56] Zheng, C. *Nanofabrication by charged beams*, in: *Nanofabrication principles, capabilities and limites.* Springer US, pp. 77-124 (2009).

[57] Grand, J. *et al.* Role of localized surface plasmons in surface-enhanced Raman scattering of shape-controlled metallic particles in regular arrays. *Phys. Rev. B* **72**, 33407 (2005).

[58] Le Ru, E.C. *et al.* Surface enhanced Raman spectroscopy on nanolithography prepared substrates. *Curr. Appl. Phys.* **8**, 467–470 (2008).

[59] Cleary, A. Clark, A. Glidle, A. Cooper, J. M. & Cumming, D. Fabrication of double split metallic nanorings for Raman sensing. *Microelectron. Eng.* **86**, 1146–1149 (2009).

[60] Laurent, G. *et al.* Probing surface plasmon fields by far-field Raman imaging. *J. of Microsc.* **229**, 189–196 (2008).

[61] Aćimović, S. S. Kreuzer, M. P. González, M. U. & Quidant, R. Plasmon Near- Field Coupling in Metal Dimers as a Step toward Single-Molecule Sensing. *ACS Nano* **3**, 1231–1237 (2009).

[62] Tripathy, S. *et al.* Acousto-Plasmonic and Surface-Enhanced Raman Scattering Properties of Coupled Gold Nanospheres/Nanodisk Trimers. *Nano Lett.* **11**, 431–437

(2011).

[63] Gunnarsson, L. et al. Interparticle coupling effects in nanofabricated substrates for surface-enhanced Raman scattering. *Appl. Phys. Lett.* **78**, 802–804 (2001).

[64] Duan, H. Hu, H. Kumar, K. Shen, Z. & Yang, J. Direct and Reliable Patterning of Plasmonic Nanostructures with Sub-10-nm Gaps. *ACS Nano* **5**, 7593 (2011).

[65] Banaee, M. G. & Crozier, K. B. Mixed Dimer Double-Resonance Substrates for Surface-Enhanced Raman Spectroscopy. *ACS Nano* **5**, 307–314 (2011).

[66] Gopinath, A. Boriskina, S. Reinhard B. & Dal Negro, L. Deterministic aperiodic arrays of metal nanoparticles for surface-enhanced Raman scattering (SERS). *Opt. exp.* **17**, 3741 (2009).

[67] Wells, S. M. Retterer, S. D. Oran J. M. & Sepaniak, M. J. Controllable Nanofabrication of Aggregate-like Nanoparticle Substrates and Evaluation for Surface-Enhanced Raman Spectroscopy. *ACS Nano* **3**, 3845–3853 (2009).

[68] Das G. et al. Nano-patterned SERS substrate: Application for protein analysis vs. temperature. *Biosens. Bioelec.* **24**, 1693–1699 (2009).

[69] De Angelis, F. et al. Breaking the diffusion limit with super-hydrophobic delivery of molecules to plasmonic nanofocusing SERS structures. *Nat. Photon.* **5**, 682–687 (2011).

[70] Ebbesen, T. W. Lezec, H. J. Ghaemi, H. F. Thio, T. & Wolff, P. A. Extraordinary optical transmission through sub-wavelength hole arrays. *Nature* **391**, 667–669 (1998).

[71] Brolo, A. G. Arctander, E. Gordon, R. Leathem, B. & Kavanagh, K. L. Nanohole- Enhanced Raman Scattering. *Nano Lett.* **4**, 2015–2018 (2004).

[72] Dintinger, J. & Ebbesen, T. W. Molecule–Surface Plasmon Interactions in Hole Arrays: Enhanced Absorption, Refractive Index Changes, and All-Optical Switching. *Adv. mat.* **18**,

1267 (2006).

[73] Lesuffleur, A. Kumar, L. K. S. Brolo, A.G. Kavanagh, K.L. & Gordon, R. Apex- Enhanced Raman Spectroscopy Using Double-Hole Arrays in a Gold Film. *J. Phys. Chem. C* **111**, 2347–2350 (2007).

[74] Lee K.L., Lee C.W., Wang, W.S. & Wei, P.-K. Sensitive biosensor array using surface plasmon resonance on metallic nanoslits. *J. Biomed. Opt.* **12**, 044023-5 (2007).

[75] Lopez-Tejeira, F. *et al.* Efficient unidirectional nanoslit couplers for surface plasmons. *Nat. Phys.* **3**, 324–328 (2007).

[76] Volkov, V. S. Bozhevolnyi, S. I. Devaux, E. Laluet, J.-Y. & Ebbesen, T. W. Wavelength Selective Nanophotonic Components Utilizing Channel Plasmon Polaritons. *Nano Lett.* **7**, 880–884 (2007).

[77] Chou, S. Y. Krauss, P. R & Renstrom, P. J. Imprint of sub-25 nm vias and trenches in polymers. *Appl. Phys. Lett.* **67**, 3114–3116 (1995).

[78] Haisma, J. Verheijein, M. Van den Heuvel, K. & Van den Berg, J. Mold-assisted, nanolithography: A process for reliable pattern replication. *J. Vac. Sci. Technol. B* **14**, 4124 (1996).

[79] Costner, E. A. Lin, M. W. Jen, W.-L. & Willson, C. G. Nanoimprint Lithography Materials Development for Semiconductor Device Fabrication. *Annu. Rev. Mater. Res.* **39**, 155–180 (2009).

[80] Alvarez-Puebla, R. Cui, B. Bravo-Vasquez, J.-P. Veres, T. & Fenniri, H. Nanoimprinted SERS-Active Substrates with Tunable Surface Plasmon Resonances. *J. Phys. Chem. C* **111**, 6720–6723 (2007).

[81] Lee, S.-W. *et al.* Highly Sensitive Biosensing Using Arrays of Plasmonic Au Nanodisks Realized by Nanoimprint Lithography. *ACS Nano* **5**, 897–904 (2011).

[82] Chou, S. Y. Krauss, P. R. Zhang, W. Guo, L. & Zhuang, L.

Sub-10 nm imprint lithography and applications. *j. vac. sci. technol. b* **15**, 2897 (1997).

[83] Fischer, U. C. Zingsheim, H. P. Submicroscopic pattern replication with visible
light. *J. Vac. Sci. Technol.* **19**, 881 (1981).

[84] Deckman, H. W. & Dunsmuir, J. H. Natural lithography. *Appl. Phys. Lett.* **41**, 377 (1982).

[85] Hulteen, J. C. & Van Duyne, R. P. Nanosphere lithography: A materials general fabrication process for periodic particle array surfaces. *J. Vac. Sci. Technol. A* **13**, 1553–1558 (1995).

[86] Hulteen, J. C. *et al.* Nanosphere Lithography: Size-Tunable Silver Nanoparticle and Surface Cluster Arrays. *J. Phys. Chem. B* **103**, 3854–3863 (1999).

[87] Haynes, C. L. & Van Duyne, R. P. Nanosphere Lithography: A Versatile Nanofabrication Tool for Studies of Size-Dependent Nanoparticle Optics. *J. Phys. Chem. B* **105**, 5599–5611 (2001).

[88] Anker, J. N. *et al.* Biosensing with plasmonic nanosensors. *Nat. Mater.* **7**, 442 (2008).

[89] Yang, W. Hulteen, J.. Schatz, G. C & Van Duyne, R. P. A surface-enhanced hyper-Raman and surface-enhanced Raman scattering study of trans-1,2-bis(4- pyridyl)ethylene adsorbed onto silver film over nanosphere electrodes. Vibrational assignments: Experiment and theory. *J. Chem. Phys.* **104**, 4313–4323 (1996).

[90] Stuart, D. A. *et al.* In Vivo Glucose Measurement by Surface-Enhanced Raman Spectroscopy. *Anal. Chem.* **78**, 7211–7215 (2006).

[91] Baumberg, J. J. *et al.* Angle-Resolved Surface-Enhanced Raman Scattering on Metallic Nanostructured Plasmonic Crystals. *Nano Lett.* **5**, 2262–2267 (2005).

[92] Kelf, T. A. *et al.* Localized and delocalized plasmons in metallic nanovoids. *Phys. Rev. B* **74**, 245415 (2006).

CHAPITRE 2

OPTIMISATION DE SUBSTRATS NANOLITHOGRAPHIÉS ACTIFS EN DRES

Sommaire

2.1 PRINCIPE D'OPTIMISATION DU SIGNAL DE DRES............................	111
2.2 EFFET DE LA LONGUEUR D'ONDE D'EXCITATION............................	124
2.2.1 Cas des réseaux de nanocylindres d'or	124
2.2.2 Cas des réseaux de nanobâtonnets d'or	137
2.3 EFFET DE LA COUCHE D'ACCROCHE DES NANOPARTICULES D'OR SUR UN SUBSTRAT DE VERRE	143
2.4 CRÉATION DE SUBSTRATS INSENSIBLES À LA POLARISATION DU CHAMP ÉLECTRIQUE INCIDENT	155
2.5 SYNTHÈSE FINALE : CONFIGURATION OPTIMALE DE SUBSTRATS NANO-LITHOGRAPHIÉS	165
BIBLIOGRAPHIE	168

LE CHAPITRE EN QUELQUES QUESTIONS

- Comment optimiser le signal de DRES dans le cadre de substrats nanolithographiés ?
- Quelle est l'influence de la position de RPSL et de la longueur d'onde d'excitation sur l'intensité de DRES ?

La position de la RPSL conditionne l'exaltation locale du champ électromagnétique et sa variation affecte alors nécessairement l'efficacité des capteurs basés sur la RPSL dont font partie les capteurs par DRES. Les paramètres influençant les variations de la position de RPSL ont été énoncés au chapitre précédent. Dans ce deuxième chapitre, nous allons déterminer comment ces paramètres (taille et forme des nanoparticules, milieu les environnant ainsi que les ordres supérieurs de résonance)[1] peuvent être choisis afin d'améliorer l'intensité de DRES. De plus, dans ce chapitre, nous verrons comment la longueur d'onde d'excitation intervient dans le processus d'optimisation et comment elle l'influence. Deux formes de nanoparticules sont principalement traitées: dans un premier temps, les nanoparticules de section cylindriques et les nanoparticules de section ellipsoïdales par la suite. La dépendance de la position de RPSL et de l'intensité de DRES à la polarisation du champ électrique incident sera également discutée dans ce chapitre.

Nous allons commencer par expliquer le principe de l'optimisation du signal de DRES dans le cadre de substrats nanolithographiés et exposer les travaux ayant été effectués en ce sens jusqu'à présent.

---

[1] L'influence de la séparation entre les nanoparticules sera traitée dans le chapitre 3.

2.1 Principe d'optimisation du signal de DRES

Nous avons vu dans la section 1.4 (figure 1.13) qu'un champ local électromagnétique extrêmement fort pouvait être créé à la surface d'une nanostructure. Ceci se produit lorsque la longueur d'onde d'excitation respecte les conditions de la RPSL. Le facteur d'exaltation correspondant est alors $M_{loc}(\lambda_0)$ et il s'agirait donc intuitivement de pouvoir maximiser ce terme afin d'exalter au maximum le signal provenant d'une molécule située à proximité d'une nanoparticule métallique. Or, l'expression du facteur d'exaltation total G (équation 119) permet de comprendre qu'une exaltation maximale ne dépend pas que du facteur $M_{loc}(\lambda_0)$ mais également du facteur $M_{ray}(\lambda_R)$. Ainsi, ce qui sera appelé *travail d'optimisation du signal de DRES* par la suite, correspondra à la recherche de la position de RPSL idéale donnant l'exaltation la plus forte possible. Cette position sera déterminée par rapport aux deux longueurs d'onde λ_0 et λ_R dont dépendent respectivement les facteurs d'exaltation $M_{loc}(\lambda_0)$ et $M_{ray}(\lambda_R)$. Par extension, cela mettra en jeu les sept paramètres, énoncé en section 1.7, capables de modifier la position de la RPSL. D'après la figure 2.1a, si la longueur d'onde de la RPSL correspond à la longueur d'onde d'excitation, $M_{loc}(\lambda_0)$ sera effectivement optimisé mais $M_{ray}(\lambda_R)$ affaiblit et l'inverse se produira si la longueur d'onde de la RPSL correspond à la longueur d'onde Raman figure 2.1c. En prenant en compte le fait qu'une seule RPSL est sélectionnée par les conditions de mesure (une molécule à proximité d'une nanoparticule dont la RPSL est sélectionnée par la polarisation du rayonnement incident), on peut alors intuitivement considérer que l'exaltation totale G devrait être maximale pour une position de la RPSL située entre λ_0 et λ_R (figure 2.1b).

Pour déterminer l'influence de la position de la RPSL sur l'intensité de DRES, une première approche consiste à faire varier la position de la RPSL sur une large gamme spectrale tout en fixant les positions de λ_0 et de λ_R comme montré en figure 2.2. Cette démarche sera d'ailleurs suivie pour tous les travaux réalisés au cours de cette thèse. Cela nécessite d'avoir accès à plusieurs positions de la RPSL différentes et donc, plusieurs tailles de nanoparticules par exemple. Cela est rendu possible par l'utilisation de la lithographie par faisceau d'électrons fournissant des substrats sur lesquels des zones sont délimitées, chacune contenant des nanoparticules de taille particulière. Comme expliqué dans la section 1.4.1, la position de la RPSL est caractérisée par spectroscopie d'extinction. Le principe de mesure expérimentale est décrit en annexe B. Un exemple d'évolution de la position de la RPSL en fonction de la longueur du grand axe de nanoparticules de forme allongé (nanobâtonnets d'or) et du diamètre de nanoparticules d'or de section cylindrique est représenté respectivement sur les figures 2.4a et 2.6c.

Pour mesurer l'exaltation du signal Raman en DRES, une molécule est déposée sur les nanostructures. Cette molécule sert alors de sonde du champ proche et de l'exaltation locale induite par les nanoparticules et les PSL. Par le passé, ce type d'expérience a été réalisé sur des réseaux de nanoparticules métalliques conçus par nanolithographie et de différentes sections: triangulaires, cylindriques ou ellipsoïdales. Les mesures de DRES ont été effectuées en utilisant différentes molécules sondes.

2.1 Principe d'optimisation du signal de DRES

Dans chacun des cas, les auteurs ont observé une forte variation de l'intensité de DRES (exemple avec des nanoparticules de section cylindrique et de nanobâtonnets respectivement en figures 2.3a et 2.3b pour une longueur d'onde d'excitation de 632.8 nm chacun) et avec un maximum qui est fonction de la position de la RPSL mais également des positions λ_0 et λ_R [1].

Ainsi, il a été montré que *dans le cas de nanoparticules d'argent de section triangulaires* [2] *ou de nanoparticules d'or de section cylindriques* [3], *l'intensité de DRES est maximale pour une position spectrale de RPSL située entre la longueur d'onde d'excitation (dans les cas énoncés précédemment, λ_0=632.8 nm) et la longueur d'onde Raman λ_R* (correspondant dans le cas de la référence [2] à la bande à 1200 cm^{-1} de la *trans*-1,2-bis(4-pyridyl)ethylene) (BPE) (figure 2.3a).

Néanmoins, *pour des particules de forme allongées* (nanobâtonnets par exemple), J. Grand *et al* ont montré que *l'intensité DRES de la BPE devenait cette fois-ci maximale pour une RPSL proche de la longueur d'onde Raman λ_R* (ici, λ_0=632.8 nm) (figure 2.3b). Cette différence par rapport au cas de nanoparticules cylindriques et triangulaires fut interprétée par les auteurs comme étant due à l'effet paratonnerre produit aux extrémités des nanoparticules allongées favorisant ainsi le processus de re-radiation optimisé à λ_R [1].

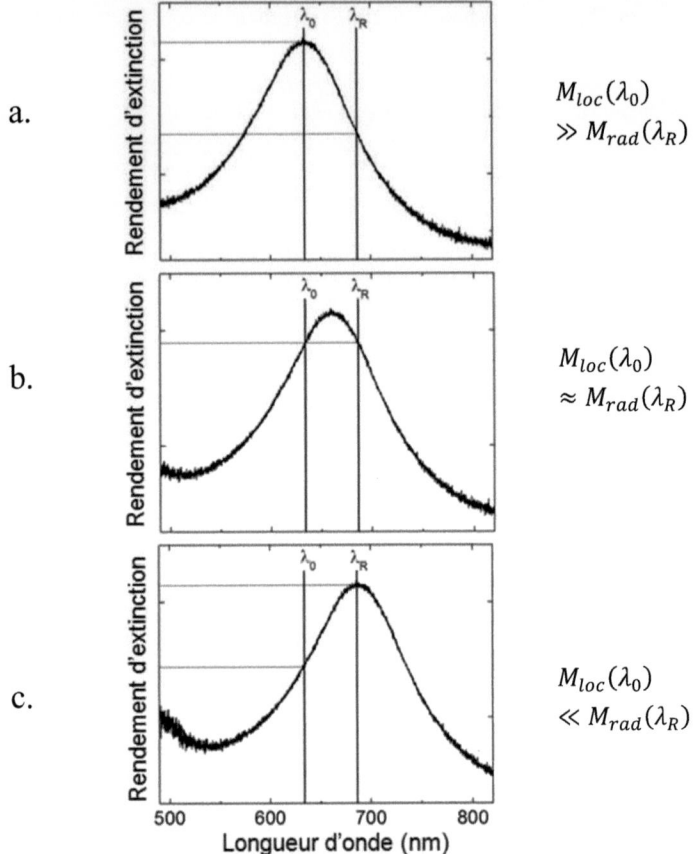

Figure 2.1 – *Principe d'optimisation de la position de RPSL afin de maximiser le facteur $G(\lambda_0, \lambda_R) = [M_{loc}(\lambda_0)]^2 [M_{ray}(\lambda_R)]^2$) qui est directement relié au signal de DRES. Trois cas différents sont représentés avec une position de RPSL a. correspondant à la longueur d'onde d'excitation λ_0 (ici 632.8 nm), b. entre λ_0 et la longueur d'onde Raman λ_R (ici 685 nm, bande Raman de la BPE à 1200 cm^{-1}) et c. correspondant à λ_R. Ces différents spectres d'extinction correspondent à différents diamètres de nanocylindres (les plus petits sont représentés en a) et les plus grands en c.).*

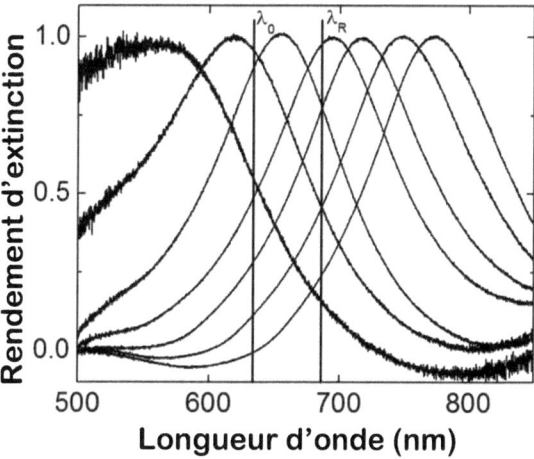

Figure 2.2 – *Exemples de spectres d'extinction normalisés de réseaux de nanocylindres fabriqués par LFE et dont les diamètres augmentent de 80 à 220 nm correspondant aux spectres d'extinction représentés de gauche à droite (λ_0 est la longueur d'onde d'excitation fixée ici à 632.8 nm et λ_R est la longueur d'onde Raman d'une bande Raman d'une molécule étudiée).*

La *direction de polarisation du champ électrique incident* doit également être prise en compte dans le cas de nanoparticules de forme allongée dans la mesure où chaque axe sélectionné va avoir sa propre condition de RPSL contrairement au cas symétrique des nanoparticules cylindriques [4,5] et section 1.4.5 (d'autres formes s'avèrent être insensibles à la direction de polarisation du champ électrique incident comme nous le verrons en section 2.4). Ainsi, l'influence de la polarisation du champ électrique incident fut montrée en faisant varier l'orientation θ de la polarisation incidente par rapport aux axes des nanoparticules.

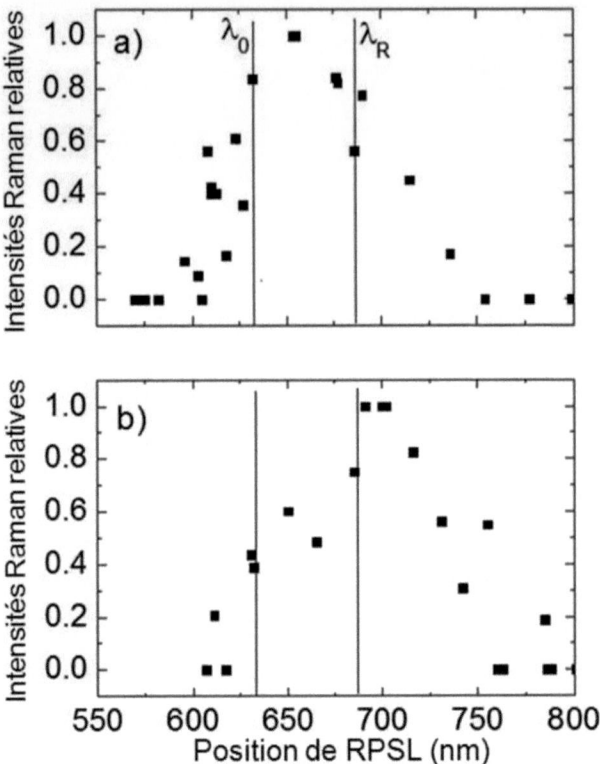

Figure 2.3 – *Evolution de l'intensité Raman normalisée de la bande à 1200 cm^{-1} (λ_R=685 nm) de la BPE avec une longueur d'onde d'excitation λ_0=632.8 nm pour différentes positions de la RPSL de a. réseaux de nanocylindres d'or (diamètres variant de 50 à 200 nm, 50 nm de hauteur et 200 nm de séparation) et b. réseaux de nanoellipses (grand axe variant de 50 à 200 nm, petit axe = 50 nm en et hauteur = 50 nm et 200 nm de séparation)*[1].

Une dépendance en *(cosθ)^2* de l'intensité de la RPSL fut démontrée. L'intensité DRES de la BPE étant directement reliée à l'intensité de la RPSL, elle suit parfaitement ses variations [1,6].

Cela prouve que la dépendance de l'intensité de DRES est directement liée à la RPSL et, donc, à l'effet électromagnétique.

Les tailles des nanoparticules considérées jusqu'à maintenant sont de l'ordre ou inférieures à $\lambda/2$ et produisent des RPSL de type dipolaire. Dans le cas de nanostructures de forme allongée dont la taille du grand axe est augmentée, des ordres supérieurs de RPSL apparaissent (figure 2.4a). Ces derniers furent observés expérimentalement sur des nanoparticules d'argent de forme allongée [7,8]. Laurent *et al* observèrent que ces ordres supérieurs de résonance avaient une influence sur l'intensité DRES de molécules de bleu de méthylène [9] et de la BPE [10] déposées sur des réseaux de nanoparticules d'or. Billot *et al* montrèrent quant à eux *que ces ordres supérieurs apportent non seulement une contribution à l'intensité DRES mais que le maximum d'intensité est atteint pour une position de la RPSL proche de λ_R quel que soit l'ordre de la RPSL suivant ainsi la même règle que dans le cas dipolaire* (figure 2.4) [11].

Ces résultats prouvent également que *des ordres de RPSL supérieurs peuvent produire un signal de DRES aussi intense voir plus intense que l'ordre de RPSL dipolaire*. Félidj *et al* montrèrent par imagerie Raman, que l'exaltation DRES dans le cas de nanoparticules allongées est maximale aux extrémités des nanoparticules allongées mais qu'il existe également des maxima locaux moins intenses le long de chaque nanoparticules [12].

Les études présentées jusqu'à maintenant ont toutes été effectuées à une longueur d'onde d'excitation fixée à 632.8 nm. Nous allons maintenant porter notre attention sur *l'influence du choix de la longueur d'onde d'excitation sur les règles d'optimisation*.

C'est la première étude qui sera présentée par la suite dans le cadre de cette thèse. Avant cela, cette influence fut d'abord étudiée par le groupe de R. Van Duyne dans le cas de nanoparticules d'argent de section triangulaire. Des expériences équivalentes à celles décrites précédemment ont été menées (λ_0 et λ_R fixées et λ_{RPSL} variable) avec différentes molécules (benzéthiole, 1,4- benzenedithiol, 3,4-dichlorobenzenethiol and Fe(b-py)3(PF6)2) et à différentes longueurs d'onde d'excitation (514, 532 et 632.8 nm). Il fut alors montré que quelle que soit la longueur d'onde d'excitation choisie, l'intensité de DRES est maximale pour une position de la RPSL située sur une plage spectrale large de 120 nm incluant la longueur d'onde d'excitation et la longueur d'onde Raman [2]. Ainsi, dans le cas de nanotriangles dans le domaine du visible, le changement de longueur d'onde d'excitation ne semble pas influencer le comportement de la DRES et son signal semble toujours gouverné par la loi précédente : $\lambda_0 < \lambda_{RPSL} < \lambda_R$. Une étude similaire a été effectuée dans le cas de nanoparticules de forme allongée. En effet, des échantillons de nanofils ont également été étudiés à une longueur d'onde d'excitation de 676 nm (figure 2.4, [13]). Ce changement de longueur d'onde induit une modification de la variation de l'intensité DRES en fonction de la longueur des nanofils par rapport à une excitation à 632.8 nm (figure 2.4b et c). En revanche, cela n'a pas induit de modification sur la règle d'optimisation de la RPSL. Cette dernière doit toujours se situer au voisinage de λ_R pour atteindre une exaltation maximale même si la longueur d'onde d'excitation est changée (figure 2.4e-j). Tous les résultats mentionnés ci-dessus concernant la première approche sont résumés dans le tableau 2.1.

2.1 Principe d'optimisation du signal de DRES

Nous pouvons donc supposer que le comportement de DRES attendu par rapport à la position de la RPSL, c'est-à-dire, une intensité de DRES optimale atteinte pour une position de la RPSL entre λ_0 et λ_R ou proche d'une de ces longueurs d'onde, est effectivement respecté dans le domaine spectral du visible (500-700 nm). Des règles spécifiques peuvent alors être définies en fonction de la forme des nanostructures (pour les cylindres et les triangles, l'intensité de DRES est maximale lorsque $\lambda_0 < \lambda_{RPSL} < \lambda_R$ et dans le cas de nanoparticules allongées, la règle devient $\lambda_{RPSL} \approx \lambda_R$).

Forme	⬤	⬬	▲
λ_0 (nm)	633	633, 676	514, 532, 633
I_{DRES} max pour :	$\lambda_0 < \lambda_{RPSL} < \lambda_R$	$\lambda_{RPSL} \approx \lambda_R$	$\lambda_0 < \lambda_{RPSL} < \lambda_R$

Tableau 2.1 – *Résumé des conditions requises pour obtenir l'intensité DRES maximale en fonction de la forme des nanoparticules et de la longueur d'onde d'excitation λ_0. Ces conditions sont valides dans le cas de la première approche définie dans le but d'optimiser l'intensité de DRES, c'est-à-dire, une longueur d'onde d'excitation fixée et une position de la RPSL variable.*

Chapitre 2 : Optimisation de substrats nanolithographiés actifs en DRES

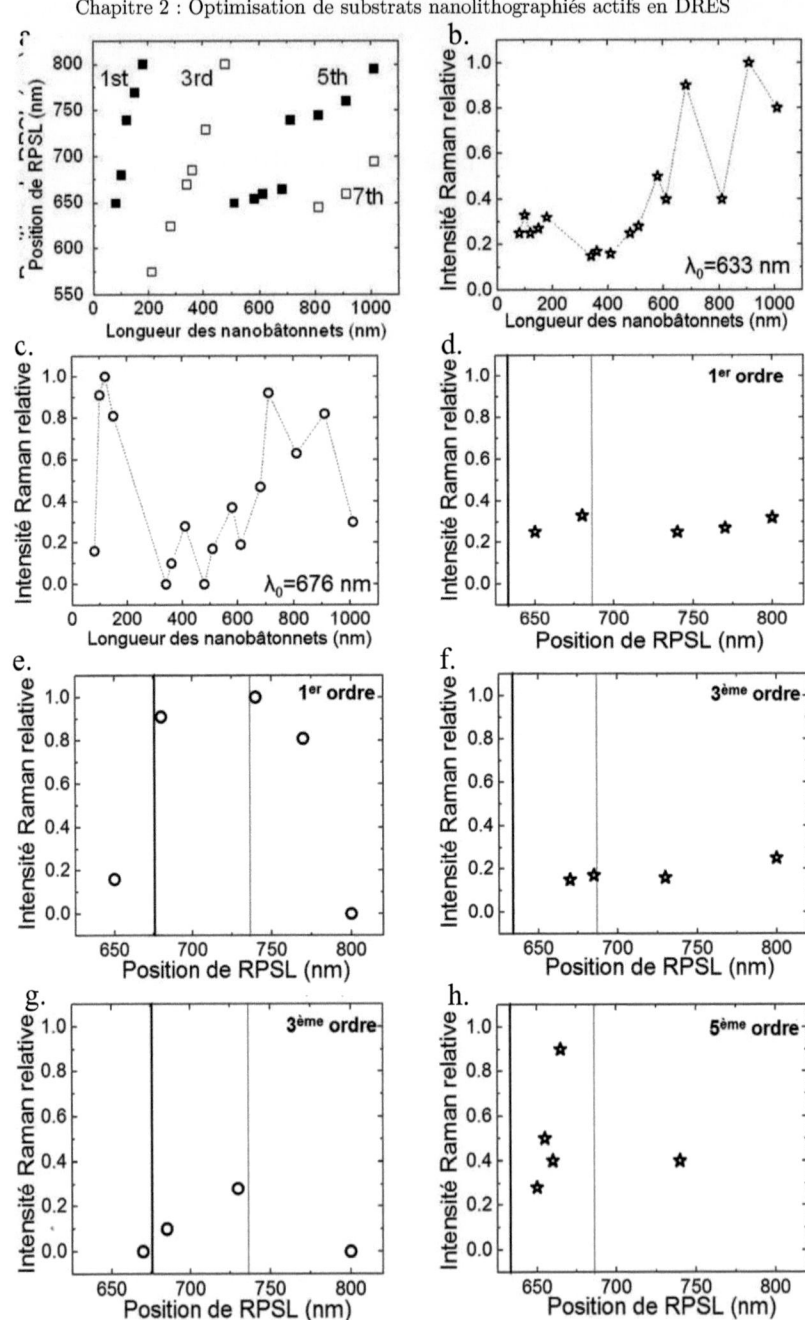

120

2.1 Principe d'optimisation du signal de DRES

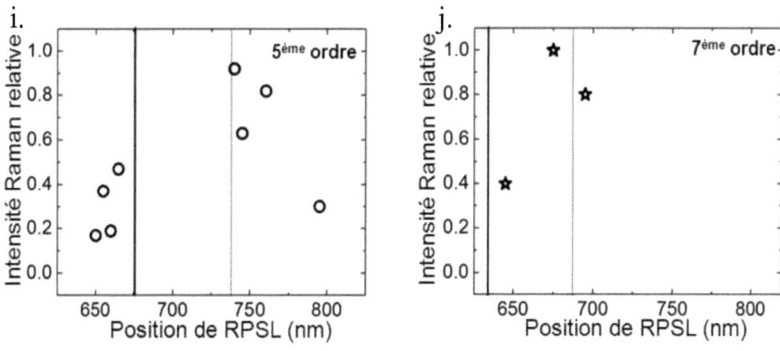

Figure 2.4 – *a. Position de la RPSL des réseaux de nanofils produits par LFE pour différentes longueurs (largeurs fixées à 50 nm et séparation de 200 nm). Evolution de l'intensité Raman relative en fonction de la longueur des nanofils pour une longueur d'onde d'excitation de b. 632.8 nm (étoiles noires) et c. 676 nm (cercles noirs). Les lignes entre les points servent juste à guider le lecteur. Evolution de l'intensité Raman relative pour chaque mode de PSL, les premier d., troisième f., cinquième h. et septième j. modes pour une excitation à 632.8 nm (étoiles noires) et les premier e., troisième g. et cinquième i. modes pour une excitation à 676 nm (cercles noires).*

Une seconde approche pour déterminer l'influence de la position de la RPSL sur l'intensité de DRES est de fixer la position de la RPSL, c'est-à-dire, considérer une nanoparticule avec des paramètres géométriques fixes, et de changer la longueur d'onde d'excitation λ_0. Le groupe de R. Van Duyne a utilisé cette approche pour différentes plages du spectre du visible (λ_0=425-505 nm, 532 nm et 610-800 nm). Ils ont mesuré l'intensité DRES du benzéthiole sur des échantillons composés de nanoparticules d'argent de section triangulaire (55 nm de hauteur et 150 nm de côté). Quelle que soit la longueur d'onde d'excitation choisie, les résultats montrèrent que la position de la RPSL doit être placée entre les longueurs d'onde d'excitation et Raman (1009 cm^{-1}, 1081 cm^{-1} et 1575 cm^{-1} du benzéthiole) pour pouvoir obtenir le maximum d'intensité de DRES [14]. Des conclusions similaires ont été données pour des réseaux de nanoellipses d'or de rapport d'aspect 1,3. L'intensité de DRES de la BPE a été mesurée à trois longueurs d'onde d'excitation différentes (632.8 nm, 647 nm et 676 nm) [15]. Ces informations sont résumées dans le tableau 2.2.

Forme	⬭	△
Rapport d'aspect R	<1.5	-
λ_0 (nm)	633, 646, 676	[425-505], 532, [610-800]
I_{DRES} max pour :	$\lambda_0 < \lambda_{RPSL}$	$\lambda_0 < \lambda_{RPSL}$

Tableau 2.2 – *Résumé des conditions requises pour obtenir l'intensité DRES maximale correspondant à la seconde approche : position de la RPSL fixe et longueur d'onde d'excitation variable.*

Dans le cadre de la création d'un capteur basé sur la DRES, la caractérisation du comportement du substrat choisi est primordiale. En ce sens, nous venons de voir que la longueur d'onde d'excitation ne semble pas influencer les règles d'optimisation établies pour chacune des formes abordées.

2.1 Principe d'optimisation du signal de DRES

Néanmoins, Grimault *et al* [16] ont montré par des calculs effectués par la méthode de différences finies (FDTD) que l'exaltation du champ proche et à proximité de la surface d'une nanoparticule n'est pas directement reliée à l'intensité du plasmon. Un décalage peut effectivement être observé entre le maximum de la résonance plasmon et le maximum d'exaltation du champ atteint à la surface d'une nanoparticule. Celui-ci étant d'autant plus grand qu'on se rapproche de l'infrarouge.

Ainsi, le premier travail de cette thèse a consisté en la vérification de la validité de la règle fixant la position de RPSL de nanoparticules de section cylindrique entre la longueur d'onde d'excitation et la longueur d'onde Raman pour différentes longueurs d'onde d'excitation dont une choisie volontairement dans le proche infrarouge (785 nm). La deuxième raison motivant ce travail à cette longueur d'onde entre dans le cadre du développement du capteur par DRES. L'idée est d'augmenter la longueur d'onde d'excitation afin de réduire l'énergie apportée à la molécule étudiée dans l'optique de réduire la contribution de la fluorescence au spectre Raman.

2.2 Effet de la longueur d'onde d'excitation

2.2.1 Cas des réseaux de nanocylindres d'or

Sur deux échantillons ont été fabriqués des réseaux de nanoparticules d'or de section cylindrique réparties en différentes zones contenant chacune un diamètre particulier de nanocylindres (LFE + lift-off, annexe A). Les nanocylindres d'une épaisseur de 50 nm sont espacés de 200 nm bord à bord, espace jugé suffisant pour éviter les interactions de type champ proche. Pour l'échantillon n° 1, les nanocylindres sont déposés sur un substrat de verre et liés à celui-ci par une couche de chrome de 3 nm. Un substrat de fluorure de calcium et une couche d'accroche de titane de 3 nm sont utilisés pour l'échantillon n° 2. Les diamètres des nanocylindres varient de 100 nm à 500 nm par pas de 30 nm pour l'échantillon n°1 et de 50 à 200 nm par pas de 10 nm pour l'échantillon n°2 (exemple figure 2.5). Notons que dans le cas de l'échantillon n°1, les diamètres disponibles permettent d'atteindre des ordres supérieurs de la RPSL. Nous avons vu précédemment que ces ordres pouvaient contribuer à l'intensité DRES. Il sera ainsi possible de vérifier cela sur cet échantillon.

Dans un premier temps, des mesures d'extinction (voir spectroscopie d'extinction en annexe B) sont effectuées sur les deux échantillons afin de caractériser les positions de RPSL correspondant à chaque diamètre de nanocylindre étudié.

2.2 Effet de la longueur d'onde d'excitation

Un exemple de spectres d'extinction et le relevé des positions de la RPSL correspondantes sont présentés respectivement sur les figures 2.6a et c pour l'échantillon n°1 et les figures 2.6b.et d pour l'échantillon n°2.

Le comportement des spectres d'extinction correspond à ce qui a été expliqué dans le chapitre 1, i.e., décalage linéaire de la longueur d'onde de la RPSL vers le rouge, élargissement des spectres et augmentation de l'intensité d'extinction lorsque le diamètre des nanocylindres augmente. On remarque que l'ordre 3 de la RPSL apparaît pour des diamètres supérieurs à 250 nm sur l'échantillon n°1.

Sur la figure 2.6c et d, des plages de longueurs d'onde ont été représentées. Elles sont délimitées par la longueur d'onde d'excitation λ_0 et la longueur d'onde Raman λ_R correspondant à une bande caractéristique de la molécule déposée. Ces plages correspondent à la condition optimale $\lambda_0 < \lambda_{RPSL} < \lambda_R$ permettant d'obtenir le maximum d'intensité DRES définie dans la section 2.1. Les échantillons sont maintenant soumis à des longueurs d'onde d'excitation différentes de 632.8 nm et choisies vers le proche infrarouge. Ainsi, l'échantillon n°1 est excité à deux longueurs d'onde à λ_{01}=632.8 nm et λ_{03}=785 nm tandis que l'échantillon n°2 est étudié sous deux longueurs d'ondes λ_{02}=660 nm et λ_{03}=785 nm. Deux molécules différentes sont étudiées: l'échantillon n°1 est immergé dans une solution de BPE concentrée à 10^{-3} mol/L dans de l'eau distillée pendant 1h tandis que l'échantillon n°2 est immergé dans une solution de thiophénol concentrée à 10^{-5} mol/L dans de l'éthanol pendant 2h. Les deux échantillons sont ensuite séchés à l'azote.

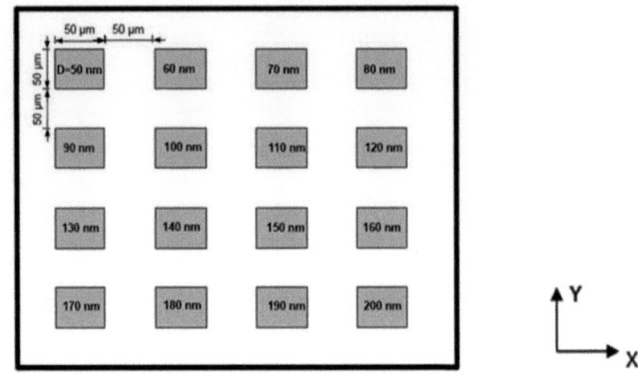

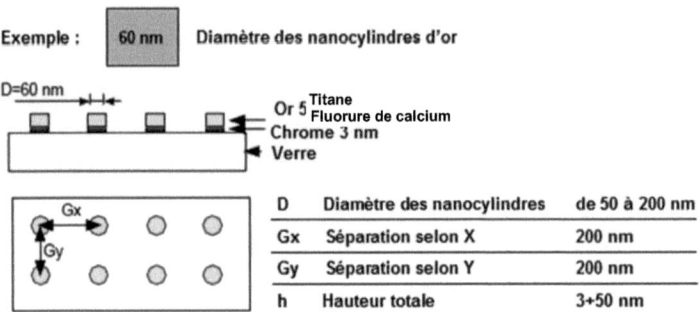

Figure 2.5 - *Descriptif de l'échantillon n°2 utilisé pour la mesure de l'intensité de DRES du thiophénol.*

La BPE forme une liaison de type électrostatique avec l'or là où le thiophénol forme une liaison covalente. L'étape suivante consiste en l'observation de l'évolution de l'intensité de la bande à 1200 cm^{-1} de la BPE sur l'échantillon n°1 et l'intensité de la bande à 1071 cm^{-1} du thiophénol sur l'échantillon n°2 en fonction du diamètre des nanocylindres. Une description de la mesure par spectrométrie Raman peut être trouvée en annexe C.

2.2 Effet de la longueur d'onde d'excitation

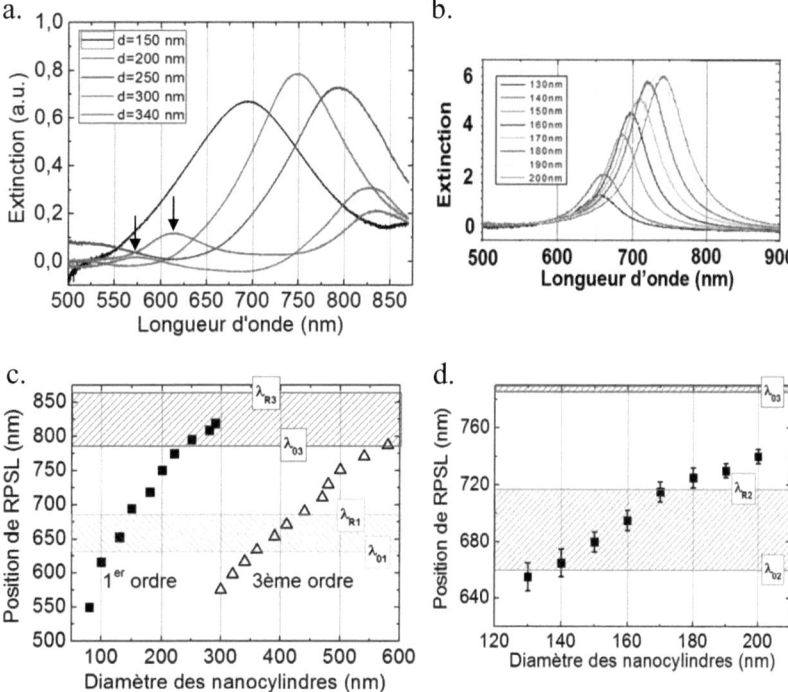

Figure 2.6– *a. et b. Exemple de spectres d'extinction et c. et d. représentation des positions de la RPSL en fonction du diamètre des cylindres (carrés noirs pour l'ordre 1 de la RPSL et triangles blancs pour l'ordre 3 respectivement pour l'échantillon n° 1 en a) (position de l'ordre 3 de la RPSL repéré par des flèches noires) et c. et l'échantillon n° 2 en b. et d. λ_{01}, λ_{02} et λ_{03} correspondent, respectivement, aux longueurs d'onde d'excitation de 632.8 nm, 660 nm et 785 nm. λ_{R1}, λ_{R2} et λ_{R3} sont, respectivement, les longueurs d'onde Raman de la bande BPE à 1200 cm^{-1} lorsque celle-ci est excitée à λ_{01}, λ_{02} et λ_{03}. Les aires hachurées délimitent les zones spectrales situées entre λ_0 et λ_R pour les trois longueurs d'onde d'excitation.*

Sur la figure 2.7a, on constate que lorsque le diamètre des nanocylindres augmente, le signal DRES atteint clairement un maximum pour un diamètre de 130 nm pour une longueur d'onde d'excitation de 632.8 nm et est très élevé par rapport aux signaux fournis par les autres diamètres. On peut constater en effet un gain qui peut atteindre un facteur 10. De plus, aucun autre maximum n'apparaît clairement. Ce résultat, obtenu sur une grande plage de diamètres, confirme que ce type de substrat DRES-actif peut être optimisé en utilisant une taille de nanocylindre appropriée [1,2,11,14]. Si nous vérifions maintenant la condition optimale $\lambda_0 < \lambda_{RPSL} < \lambda_R$ permettant d'obtenir le maximum d'intensité DRES, pour une excitation à $\lambda_{01}=632.8$ nm et une bande Raman à $\lambda_{R1}=685$ nm (bande d'intérêt de la BPE à 1200 cm^{-1}), la meilleure position de la RPSL devrait être située à 659 nm. Pour le premier et le troisième ordre de RPSL, les diamètres de nanocylindres correspondant sont alors respectivement proches de 130 nm et 400 nm. Comme le montre encore plus clairement la figure 2.8a, cette « règle » est effectivement vérifiée pour le mode dipolaire de la RPSL tandis que le troisième ordre de la RPSL n'a quant à lui qu'une activité DRES très limitée. En effet, en regardant la figure 2.7a (carrés noirs), on s'aperçoit qu'il n'y a pas d'augmentation significative du signal Raman pour des diamètres autour de 400 nm. Cela signifie que pour cette forme de nanostructures, les modes supérieurs de PSL n'ont qu'une faible contribution au signal DRES comparé au mode dipolaire.

2.2 Effet de la longueur d'onde d'excitation

Ce comportement est totalement différent de celui observé dans le cas de nanostructures allongées comme des nanofils où les ordres supérieurs de PSL contribuent significativement et parfois de manière plus intense à l'exaltation du signal Raman que l'ordre dipolaire [11].

Lorsque la longueur d'onde d'excitation λ_{03} de 785 nm est utilisée sur ce même échantillon figure 2.7a (carrés blancs) et si la règle énoncée précédemment est appliquée dans ce cas, la meilleure exaltation Raman devrait se produire pour une position de la RPSL proche de 826 nm puisque la longueur d'onde Raman λ_{R3} est maintenant portée à 866 nm. Pour le premier ordre de PSL, le diamètre de nanocylindres correspondant est proche de 300 nm.

Sur cette même figure, nous voyons clairement un maximum d'intensité DRES pour un diamètre de 220 nm et non pour 300 nm comme attendu. Ainsi, comme on peut le voir sur la figure figure 2.8b, l'intensité DRES maximale est obtenue pour une position de la RPSL proche de 750 nm largement en dehors de l'intervalle λ_{03}- λ_{R3}. La position de la RPSL optimale est donc fortement décalée vers le bleu comparée à la position attendue. Dans le cas du thiophénol (échantillon n° 2), il est plus difficile de discerner le diamètre donnant le maximum d'intensité de DRES d'après la figure 2.7b. Néanmoins, on remarque que pour une longueur d'onde d'excitation à 785 nm, l'évolution de l'intensité de DRES est similaire au cas de la BPE où le diamètre optimal semble se situer vers 200 nm (des diamètres plus grands sont nécessaires pour confirmer). Si c'est le cas, le diamètre optimal est de nouveaux largement décalé vers le bleu par rapport à la zone λ_{03}- λ_{R3}.

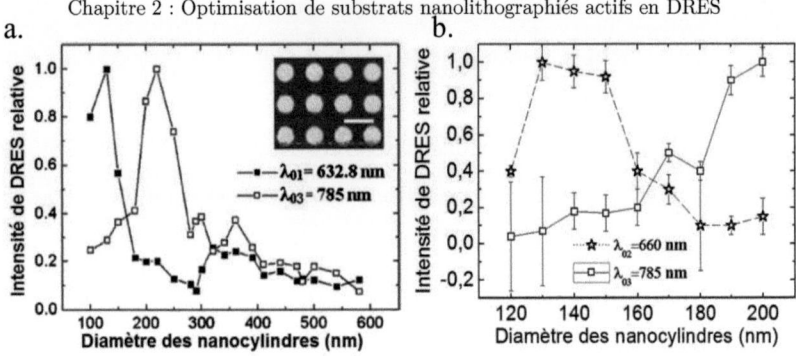

Figure 2.7– a. Evolution de l'intensité de la bande à 1200 cm^{-1} de la BPE en fonction des diamètres des nanocylindres et sous une excitation de λ_{01}=632.8 nm (carrés noirs) et λ_{03}=785 nm (carrés blancs) b. Evolution de l'intensité de la bande à 1071 cm^{-1}du thiophénol en fonction des diamètres des nanocylindres et sous une excitation de λ_{02}=660 nm (étoiles blanches) et λ_{03}=785 nm (carrés blancs). L'image insérée en a. est une image de microscopie électronique d'un réseau de nanocylindres. La barre d'échelle mesure 400 nm.

Pour une longueur d'onde d'excitation à 660 nm, le diamètre optimal semble se situer autour de 140 nm correspondant à une position de RPSL autour de 660 nm c'est-à-dire proche de λ_{02}. Dans ce cas, la règle d'optimisation établie pour 632.8 nm n'est plus valide pour des longueurs d'onde supérieures à 650 nm. La position optimale de la RPSL se trouve alors décalée vers le bleu. En revanche, ce décalage semble moins important pour 660 nm que pour 785 nm. Ce décalage vers le bleu de la position de la RPSL semble donc progresser à mesure que la longueur d'onde d'excitation se rapproche du proche infrarouge. Ce dernier résultat est en bon accord avec les simulations FDTD réalisées par Grimault *et al.*

2.2 Effet de la longueur d'onde d'excitation

En effet, les simulations ont montré qu'il existe un décalage spectral entre la position de la RPSL mesurée par spectroscopie d'extinction en champ lointain et le maximum d'exaltation mesuré par DRES en champ proche [16]. Ces deux maxima ne sont pas observés à la même longueur d'onde, le maximum de l'exaltation en champ proche étant décalé vers le rouge par rapport à celui du spectre d'extinction (champ lointain). Ce décalage champ lointain/champ proche pourrait être à l'origine du décalage observé entre l'intensité DRES et la position de la RPSL et montrent que le lien entre les deux phénomènes n'est pas trivial.

Enfin, jusqu'à maintenant, les intensités DRES ont été normalisées à 1 par défaut afin de comparer les décalages de la position de la RPSL. Si nous comparons maintenant les intensités DRES et les traçons relativement à la meilleure obtenue comme montré sur la figure 2.9, on observe un facteur 4 entre la meilleure intensité obtenue à 632.8 nm et celle obtenue à 785 nm (le nombre de nanoparticules et de molécules dans le spot laser ainsi que le temps d'intégration et la puissance du laser sont pris en compte dans cette mesure).

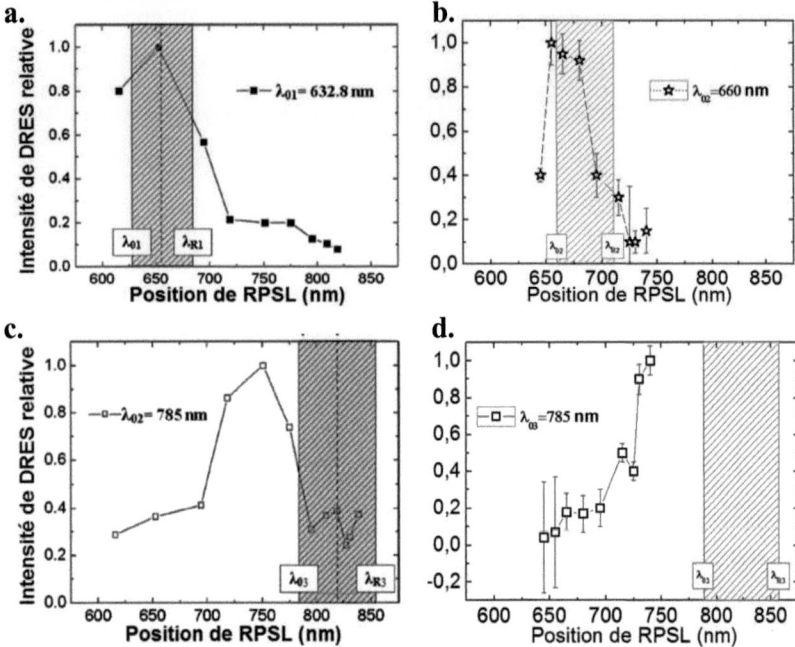

Figure 2.8 – *Intensités Raman relatives représentées en fonction des positions des RPSL pour les deux longueurs d'onde d'excitation λ_{01}=632.8 nm a. et λ_{03}= 785 nm c. dans le cas de la BPE. Même chose pour les deux longueurs d'onde d'excitation λ_{02}=660 nm b. et λ_{03}= 785 nm d. dans le cas du thiophénol. Un rappel des positions des longueurs d'onde d'excitation et Raman est effectué pour chaque cas.*

2.2 Effet de la longueur d'onde d'excitation

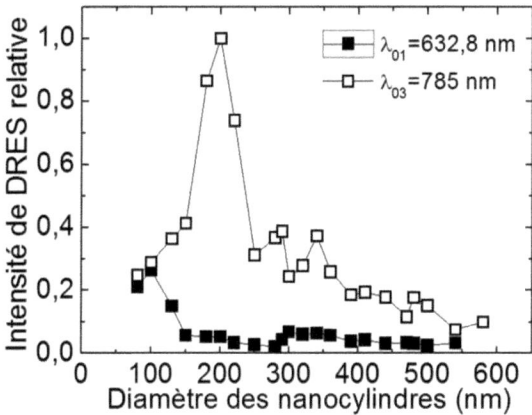

Figure 2.9 – *Intensités DRES relatives calculées par rapport à l'intensité maximale obtenue sur les deux séries de mesures effectuées à 632.8 nm (carrés noirs) et à 785 nm (carrés blancs) en fonction du diamètre des nanocylindres.*

Cinq informations ont ainsi pu être extraites de cette étude:

(i) La « règle » établie pour une excitation à 632.8 nm n'est pas valable sur tout le domaine du visible. Ainsi, l'optimisation du signal DRES dépend fortement de la longueur d'onde d'excitation. Le tableau 2.1 peut ainsi être mis à jour:

Forme	⬤			⬯	△
λ_0 (nm)	633	660	785	633, 676	514, 532, 633
I_{DRES} max pour:	$\lambda_0 < \lambda_{RPSL} < \lambda_R$	$\lambda_{RPSL} \approx \lambda_0$	$\lambda_{RPSL} < \lambda_0$	$\lambda_{RPSL} \approx \lambda_R$	$\lambda_0 < \lambda_{RPSL} < \lambda_R$

Tableau 2.3 – *Résumé des conditions requises pour obtenir l'intensité DRES maximale en fonction de la taille des nanoparticules et de la longueur d'onde d'excitation λ_0. Ces conditions sont valides dans le cas de la première approche définie dans le but d'optimiser l'intensité DRES, c'est-à-dire, longueur d'onde d'excitation fixe et position de la RPSL variable.*

La figure 2.10 donne un aperçu du décalage entre la règle admise jusqu'à présent pour les nanocylindres et les mesures réelles :

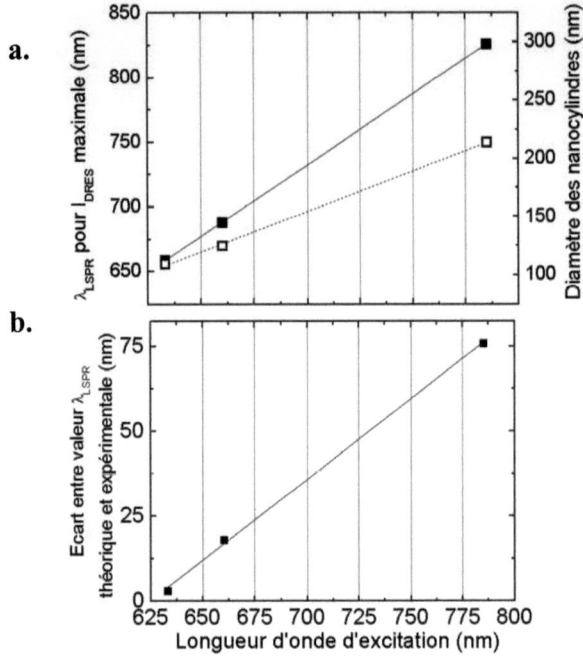

Figure 2.10 – *a. Position optimale de la position de la RPSL et diamètres des nanocylindres (h=60 nm, espacement de 200 nm bords à bords) correspondants en fonction de la longueur d'onde d'excitation dans le cas où $\lambda_0<\lambda_{RPSL}<\lambda_R$ (carrés noirs) et les mesures effectuées (carrés blanc). Les courbes de tendances linéaires ne sont là que pour guider le lecteur. Remarque : bien que les substrats (verre et CaF_2) et les couches d'accroche (Cr et Ti) soient différents, les positions de résonance restent proches (voir figure 2.8c et d par exemple) permettant ainsi cette comparaison. b. Variation de l'écart entre les positions théoriques et expérimentale de la position de la RPSL en fonction de la*

longueur d'onde d'excitation.

(ii) Ce décalage champ lointain/champ proche semble être à l'origine du décalage observé entre l'intensité DRES et la position de la RPSL. Il semblerait également que ce décalage suive une loi linéaire (figure 2.10 a,b);

(iii) Nos observations ont montré une augmentation possible d'un *facteur 10* de l'intensité DRES lorsque les *règles d'optimisation sont suivies.*

Ordre de grandeur : Pour l'échantillon n°1, le facteur d'exaltation moyen minimum obtenu pour la série de mesures sous une excitation à 632.8 nm est *10^5*. Il passe à *$1,6.10^6$* lorsque le diamètre optimal de 130 nm est mesuré;

(iv) Une augmentation supplémentaire d'un facteur 4 de l'intensité DRES est possible en passant d'une longueur d'onde de 632.8 nm à 785 nm;

Ordre de grandeur : Ainsi, le facteur d'exaltation moyen obtenu à 785 nm et pour un diamètre optimisé à cette longueur d'onde, i.e. 220 nm, s'élève à *$6,4.10^6$*.

(v) Dans le cas de réseaux de nanoparticules de section cylindrique, les RPSL d'ordre supérieur ne semblent pas être actif en DRES.

Ainsi, il est très important de considérer cela dans un travail d'optimisation en DRES et d'autant plus dans le cas du développement d'un capteur DRES.

Remarque : Le travail réalisé sur l'échantillon n°1 à fait l'objet d'une publication: [17].

N. Guillot, H. Shen, B. Fremaux, O. Perron, E. Rinnert, T. Toury et M. Lamy de la Chapelle, Surface enhanced Raman scattering optimization of gold nanocylinder arrays: Influence of the localized surface plasmon resonance and excitation wavelength. *Appl. Phys. Lett.* 97, 023113–3 (2010).

2.2.2 Cas des réseaux de nanobâtonnets d'or

Nous avons vu par l'équation 109 du chapitre 1 qu'un facteur de forme L_j petit amène à une nanoparticule de forme plus incurvée le long de l'axe j considéré et donc de plus en plus pointue augmentant ainsi l'exaltation M_{ext} aux extrémités. C'est ce qu'on appelle : *l'effet-paratonnerre* ou *effet de pointe*. L'idée est donc d'exploiter cet effet afin d'améliorer la sensibilité des capteurs par DRES. Dans un même temps, nous allons pouvoir vérifier les règles d'optimisation sur le positionnement de la longueur d'onde de la RPSL donnant le maximum d'intensité DRES dans le cadre de nanobâtonnets. Si la règle d'optimisation est connue pour une excitation à λ_{01}=632.8 nm et 676 nm ($\lambda_{RPSL} \approx \lambda_R$, tableau 2.3), aucune mesure n'a été effectuée à λ_{03}=785 nm. Les nanostructures présentées ci-dessous vont ainsi être étudiées aux longueurs d'onde λ_{01} et λ_{03}.

Dans le cadre du projet européen Nanoantenna, le fluorure de calcium (CaF_2) a été choisi comme substrat dans l'optique d'utiliser ces nanostructures aussi bien dans le domaine du visible (DRES) que dans le domaine infrarouge (Absorption infrarouge exaltée de surface, AIRES)[1] (figure 2.11). Le titane a été choisi comme couche d'accroche afin de lier les nanoparticules d'or au CaF_2. Les réseaux de nanobâtonnets sont produits par LFE. Trois longueurs L sont choisies : L= [160, 250, 450] nm. Leur largeur l ainsi que leur hauteur h sont fixées à 80 nm. L'espacement suivant les deux directions du plan est également fixé et vaut 200 nm bord à bord.

---

[1] L'effet DRES est exploité en orientant la polarisation incidente suivant le petit axe des nanobâtonnets et l'effet AIRES suivant le grand axe.

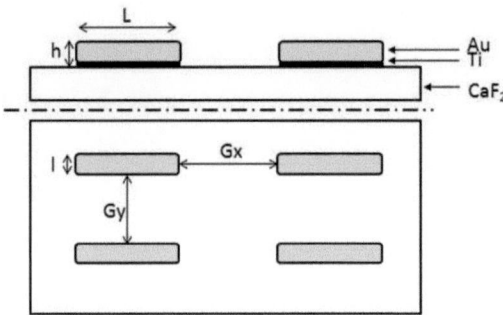

Figure 2.11– *Descriptif de l'échantillon utilisé pour la mesure de l'intensité DRES de la BPE à différentes longueurs d'onde d'excitation.*

L'absorbance des réseaux de nanoparticules représentée en figure 2.12 est mesurée suivant deux polarisations incidentes différentes, l'une parallèle et l'autre perpendiculaire au grand axe des nanobâtonnets.

Les positions de résonance suivant le grand axe des nanoparticules sont attribuées à l'ordre dipolaire pour L=160 nm et L=250 nm et au premier ordre supérieur pour L=450 nm. Elles sont toutes les trois proches de λ_{0S}= 785 nm. Pour une polarisation incidente suivant le petit axe, les positions de résonance concernent l'ordre dipolaire (largeur fixe de 80 nm) et sont légèrement supérieures à λ_{RI}=685 nm. Comme sur les échantillons précédents, de la BPE est déposée sur ce substrat et la bande à 1200 cm^{-1} constitue la bande d'intérêt.

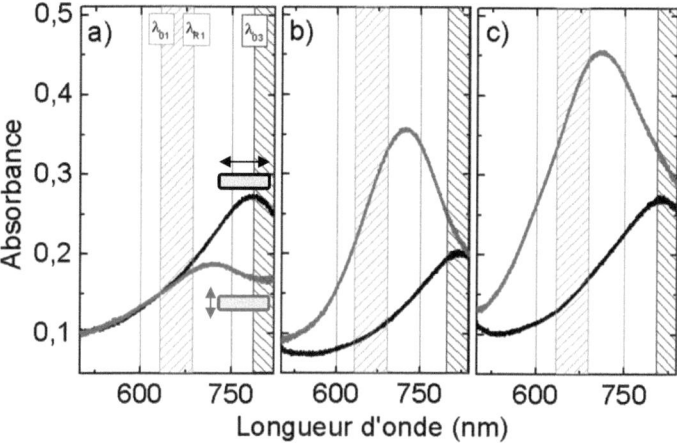

Figure 2.12– *Mesures de l'absorbance de réseaux de nanobâtonnets d'or mesurée sous une polarisation incidente parallèle (courbes noires) et perpendiculaire (courbes rouges) au grand axe L des nanobâtonnets de longueurs respectives a. L=160 nm, b. L=250 nm et c. L=450 nm. Les longueurs d'onde d'excitation λ_{01}=632.8 nm et λ_{03}= 785 nm ainsi que la longueur d'onde Raman λ_{R1}=685 nm sont indiquées et délimitent les zones hachurées.*

Si la règle d'optimisation concernant les nanobâtonnets est suivie pour une excitation à 632.8 nm, nous devrions observer une intensité DRES plus importante dans le cas d'une polarisation suivant le petite axe des nanobâtonnets car les positions de résonance pour chaque longueur sont plus proches de λ_{R1} que dans le cas d'une polarisation parallèle au grand axe.

Dans le cas d'une longueur d'onde d'excitation à 785 nm, la tendance doit s'inverser dans la mesure où les positions de résonances issues d'une polarisation suivant le grand axe sont plus proches de λ_{R3}=866nm (non indiqué sur la figure 2.11).

Le tableau 2.4 montre que pour une excitation à 632.8 nm, les exaltations maximales sont obtenues pour une position de la RPSL proche de λ_{R1}=685 nm. En effet, les facteurs d'exaltation obtenus suivant le petit axe des nanobâtonnets (autour de 6.10^5) atteignent presque tous deux fois la valeur rencontrée suivant le grand axe.

Ci-dessus sont référencés les facteurs d'exaltation moyens (FEM) obtenus pour chacune des configurations énoncées (le calcul du FEM est décrit en annexe D) :

Taille (Lxl) (nm)	a) 160x80		b) 250x80		c) 450x80	
Polarisation	Grand axe	Petit axe	Grand axe	Petit axe	Grand axe	Petit axe
λ_{LSPR} (nm)	789	715	825	726	805	712
ordre	1	1	1	1	3	1
λ_{01}=632.8 nm, λ_{R1}=685 nm						
Facteurs d'exaltation moyen (x10^5)	4.3 ± 2.4	5.5 ± 2.5	3 ± 1.5	6.5 ± 2.5	2.3 ± 1.0	5 ± 1.5
λ_{03}=785 nm, λ_{R3}=866 nm						
Facteurs d'exaltation moyen (x10^5)	**71.4 ± 17.9**	17.6 ± 7.7	**19.6 ± 5.3**	22 ± 2.2	**10 ± 4**	8 ± 2.4

Tableau 2.4 – *Résumé des informations concernant les nanobâtonnets étudiés. Les positions de la RPSL selon leur petit et grand axe ainsi que les facteurs d'exaltation moyen pour les deux longueurs d'onde d'excitation utilisé sont présentés.*

2.2 Effet de la longueur d'onde d'excitation

Pour une excitation à λ_{03}=785 nm, on remarque d'une part, suivant le petit axe, que plus la position de la RPSL se rapproche de λ_{03}=785 nm, plus l'exaltation augmente. La valeur maximale obtenue pour cette série de mesure atteint $2,2.10^6$ sur cet axe. D'autre part, pour une polarisation le long du grand axe, plus la position de RPSL s'approche de λ_{03}=785 nm (et s'éloigne donc de λ_{R3}=866 nm), plus l'exaltation augmente atteignant *7.10^6* pour la position de la RPSL la plus proche de λ_{03} (on remarque ce cela ne fonctionne pas pour L=450 nm car l'ordre 3 de la RPSL, mis en jeu dans ce cas, semble affaiblir l'exaltation). D'après ces observations, il apparaît clairement que le maximum d'exaltation n'est pas obtenu pour $\lambda_{RPSL} \approx \lambda_R$ mais pour λ_{RPSL} située proche de λ_0. D'autres longueurs de nanobâtonnets seraient nécessaires pour voir où se situe réellement le maximum d'exaltation. L'augmentation de l'exaltation observée entre une longueur d'onde d'excitation à 632.8 nm et 785 nm pour les nanobâtonnets est difficile à évaluer dans la mesure où la configuration géométrique ne semble pas optimale pour une excitation à 632.8 nm suivant le grand axe. Néanmoins, le maximum d'exaltation obtenu pour les nanobâtonnets (*7.10^6* @785 nm, maximal ?) est quasi identique à celui obtenu pour les nanocylindres (*$6,4.10^6$* @785 nm).

En fin de compte, bien que la forme des nanoparticules ait changé, il semble que le phénomène observé pour les formes cylindriques (décalage vers le bleu entre de la position de la RPSL et le maximum d'exaltation Raman) soit également valable pour les nanobâtonnets lorsque la longueur d'onde d'excitation s'approche du proche infrarouge. Le tableau 2.3 peut ainsi être mis à jour :

Forme	○		⬭		△
λ_0 (nm)	633	660	785	633, 676	785	514, 532, 633
I_{DRES} max pour	$\lambda_0 < \lambda_{RPSL} < \lambda_R$	$\lambda_{RPSL} \approx \lambda_0$	$\lambda_{RPSL} < \lambda_0$	$\lambda_{RPSL} \approx \lambda_R$	$\lambda_{RPSL} \leqslant \lambda_0$	$\lambda_0 < \lambda_{RPSL} < \lambda_R$

Tableau 2.5 - *Résumé des conditions requises pour obtenir l'intensité DRES maximale en fonction de la forme des nanoparticules et de la longueur d'onde d'excitation.*

Enfin, l'exaltation obtenue suivant le petit axe des nanobâtonnets est proche de celle obtenue pour des nanocylindres ce qui constitue une information intéressante dans l'objectif du double usage des nanobâtonnets (détection DRES sur le petit axe et AIRES suivant le grand axe).

2.3 Effet de la couche d'accroche des nanoparticules d'or sur un substrat de verre

Le milieu environnant la nanoparticule métallique fait partie des paramètres énoncés dans la section 1.7 de ce manuscrit. Ici une distinction doit être faite dans la mesure où les nanoparticules utilisées dans le cadre de cette thèse sont déposées sur un substrat. Dès lors, le milieu environnant les nanoparticules se compose de deux éléments : le substrat et l'air ou tout milieu recouvrant les nanoparticules (solution, molécules...). Cette section traite ici du premier élément.

Les nanostructures d'or ont des propriétés physiques particulièrement adaptées pour des applications en plasmonique mais un inconvénient majeur est qu'elles ne se fixent pas naturellement sur une surface de verre. Une couche d'accroche de chrome est alors habituellement utilisée permettant une bonne adhésion mécanique. Malheureusement, elle dégrade les propriétés optiques de l'or à cause d'une large absorption optique dans le domaine du visible. Cela induit un amortissement de la RPSL et une diminution de son intensité. Ces conséquences sont considérées comme les limites principales à l'amélioration des propriétés optiques de la nanoparticule. L'équipe du Laboratoire de Nanotechnologie et Instrumentation Optique (H. Shen et T. Toury) a mis au point une nouvelle technique d'adhésion permettant une fixation covalente entre l'or et le verre grâce à l'utilisation d'une couche moléculaire de MPTMS durant le processus de nanolithographie.

Le travail effectué dans le cadre de cette thèse fut de démontrer que cette nouvelle couche d'accroche amène une amélioration des propriétés optiques des nanoparticules d'or mais également des performances en termes de DRES.

En s'inspirant de la méthode permettant d'immobiliser des particules colloïdales sur des substrats de verre [18], le (3-mercaptopropyl)trimethoxysilane (MPTMS) a été utilisé comme couche adhésive entre l'or et le verre dans le processus de lithographie par faisceau d'électrons. Le schéma de la méthode est montré figure 2.13. La fonctionnalisation du verre avec le MPTMS s'est déroulé en suivant la méthode proposée par Goss *et al.* [19] avec de légères modifications. En bref, des lames de verre sont immergées dans une solution « piranha » pendant 30 minutes, rincées avec de l'eau distillée, séchées sous un flux d'azote et placées ensuite sur une plaque chauffante à 100°C pendant 10 minutes. Les lames de verres ainsi prétraitées sont ensuite immergées durant 10 minutes dans une solution de silanes bouillante (les différentes solutions utilisées durant ce procédé ont les compositions suivantes : 1:3 H_2O_2 30%:H_2SO_4 98% pour la solution « piranha » et 2 ml de MPTMS, 2 ml de H_2O et 80ml de 2-propanol pour la solution de silanes). Elles sont ensuite rincées avec précautions avec du 2-propanol, séchées à l'azote et enfin laissés pendant 8 minutes à 110°C. Ce protocole a été répété trois fois.

2.3 Effet de la couche d'accroche

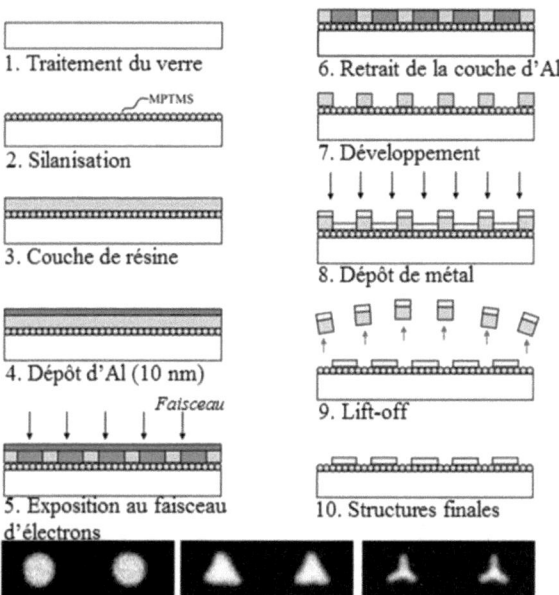

Figure 2.13 - *Etapes de nanolithographie par faisceau d'électrons avec du MPTMS. Le MPTMS est déposé juste après le nettoyage du verre. Ensuite, les paramètres d'une procédure de LFE classique sont légèrement ajustés. En bas de la figure, trois images MEB montrent un exemple de particules nanolithographiées sur du verre et avec du MPTMS : nanocylindres (diamètre= 125 nm), nanotriangles (côté= 115 nm), nanoétoiles (base= 100 nm), l'épaisseur des nanoparticules est fixée à 50 nm.*

Le verre ainsi fonctionnalisé avec les molécules de MPTMS fixée de manière covalentes au verre est ensuite utilisé dans le processus de lithographie par faisceau d'électrons [1]. Des nanofils de longueur 5 µm, largeur 200 nm et hauteur 80 nm et des nanocylindres ayant des diamètres allant de 100 à 300 nm avec une hauteur constate de 50 nm ont ainsi été préparés.

La séparation entre deux nanocylindres d'or est fixée à 200 nm ce qui est considéré comme suffisant pour éviter les effets de couplage en champ proche. Pour comparaison, des nanostructures d'or avec une couche d'accroche de chrome de 3 nm ainsi que des nanostructures d'or sans couche d'accroche ont également été fabriqués.

Afin de monter la pertinence du choix du MPTMS comme couche d'accroche, des tests « de rayure » perpendiculaires aux nanobandes d'or ont été réalisés par B. Guelorget (LASMIS, UTT) avec une pointe Berkovich (pointe pyramidale de forme de base triangulaire) et un nanoscratch XPr de Nano Intruments (Knoxville, TN) dans le but d'appliquer une force de cisaillement sur les nanofils. Différentes charges ont été testées afin de déterminer la charge critique pour laquelle l'or est arraché au verre. Pour chaque charge, cinq « rayures » ont été réalisées. Sans couche d'adhésion, les nanofils sont arrachées très facilement de leur position d'origine et glissent avec la pointe pour une force appliquée inférieure à 10 µN (figure 2.14). Par contre, les nanofils fixés avec le MPTMS montrent un comportement mécanique similaire à celui de la couche d'accroche de chrome. En effet, les nanofils ne sont pas arrachés du verre mais sont en fait coupés en deux par la pointe. Cela se produit pour une force limite de 400 µN (600 mN pour le chrome). Le procédé décrit pour l'utilisation du MPTMS comme couche d'accroche est donc efficace et suffisant pour la fixation de nanoparticules d'or sur du verre. Pour des forces plus élevées, l'or est arraché et le substrat de verre est endommagé (une tranchée est même observable sur les figures 2.14 c et d).

2.3 Effet de la couche d'accroche

Le traitement du verre et le dépôt de la couche de MPTMS ont un effet similaire à une trempe chimique modifiant légèrement les propriétés mécaniques de la surface comme le montre le test de rayure : les tranchées dans le verre sont moins douces qu'avec le Cr et la surface du verre montre un comportement plus fragile (figure 2.14 d). Une solidité mécanique équivalente est observée pour le chrome utilisé comme couche d'accroche mais seul le MPTMS peut améliorer les propriétés optiques des nanoparticules d'or.

Ces propriétés ont été déterminées en mesurant la position de la RPSL ainsi que l'efficacité DRES des nanoparticules d'or (voir les annexes B et C pour plus de détails).

Comme on peut le voir sur la figure 2.15, en comparant les spectres d'extinction obtenus dans le cas de l'utilisation d'une couche de chrome ou de MPTMS, on observe une diminution supérieure à 25% de la largeur à mi-hauteur (LMH) des RPSL en utilisant une couche d'accroche de MPTMS et ce, quel que soit le diamètre de nanoparticule observé.

Il s'agit d'une amélioration significative si on raisonne en termes de développement de capteur puisque ses performances sont directement liées à ce paramètre de LMH. On le retrouve par exemple dans le facteur de qualité (FQ) ou la « figure of merit » (FOM), ces derniers étant inversement proportionnels à la LMH des spectres d'extinction [4]. Par conséquent, plus la LMH est petit, plus le FQ et la FOM sont importants.

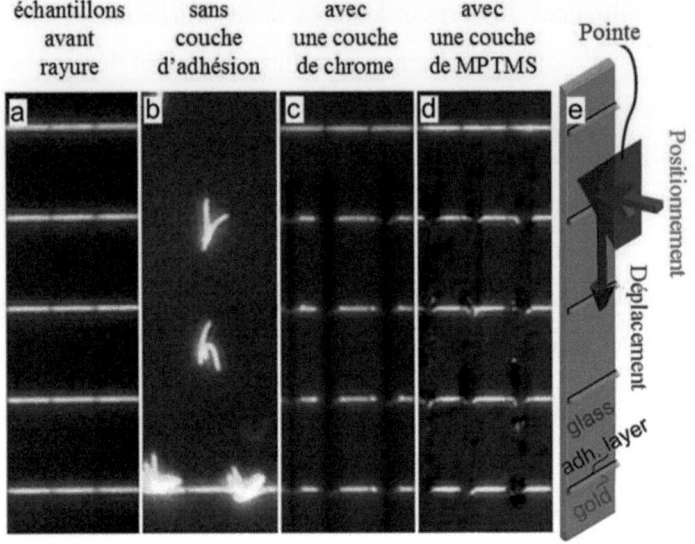

Figure 2.14 - *Images optiques de nanofils d'or pour le test de "rayure". a. nanofils avant le test : longueur 5 μm, largeur 200 nm, hauteur 80 nm. b. or sur verre sans couche d'accroche : la pointe du nanoscratch balaie les fils et les entasse à l'extrémité du mouvement de la pointe ou en laisse quelques uns sur les côtés après son passage. c. or sur verre avec du chrome pour couche d'adhésion : les nanofils ne sont pas arrachés mais sont coupés par la pointe qui doit rayer le verre et le chrome pour pouvoir retirer l'or de la surface. d. or sur verre avec du MPTMS comme couche d'accroche : le comportement mécanique des nanofils est similaire à celui du chrome e. Schéma de la pointe du nanoscratch: une force et une vitesse de déplacement constantes sont appliquées sur la pointe et la profondeur de pénétration est mesurée.*

2.3 Effet de la couche d'accroche

Par exemple, pour un diamètre de 130 nm, des FQ de 10 et 8 a été estimés respectivement pour une couche d'accroche de MPTMS et de chrome. Pour un diamètre de 200 nm, des FQ de 12.5 et 8 ont respectivement été obtenus pour le MPTMS et le chrome. Ce résultat est d'autant plus intéressant que la position de la RPSL n'est pas affectée par le changement de couche d'accroche. Un tel capteur utilisant du MPTMS comme couche d'accroche sera alors plus sensible et précis pour la détection de faibles concentrations d'analytes.

Ainsi cette couche d'accroche a également un effet important sur l'exaltation du signal Raman. On peut effectivement constater sur la figure 2.16 que l'intensité DRES croit d'un ordre de grandeur avec le MPTMS comparé au chrome. De fait, l'augmentation de la LMH des spectres d'extinction, observé en champ lointain, a une influence nette sur l'exaltation en champ proche. Comme l'exaltation de DRES peut être évaluée comme la puissance quatrième du champ électrique incident [4], on peut estimer que le champ proche est multiplié par un facteur d'au moins 1.8 pour un gain d'exaltation d'un ordre de grandeur. Cette exaltation en champ proche peut être observée quel que soit le diamètre des nanoparticules (figure 2.16). L'amélioration des propriétés optiques observées provient donc effectivement du changement de couche d'accroche et non d'un changement de position de RPSL.

L'augmentation du FQ a un effet supplémentaire sur l'intensité de DRES puisque ce facteur peut également être vu comme un filtre sélectif de la résonance de n'importe quel système oscillant (LMH et facteur de qualité).

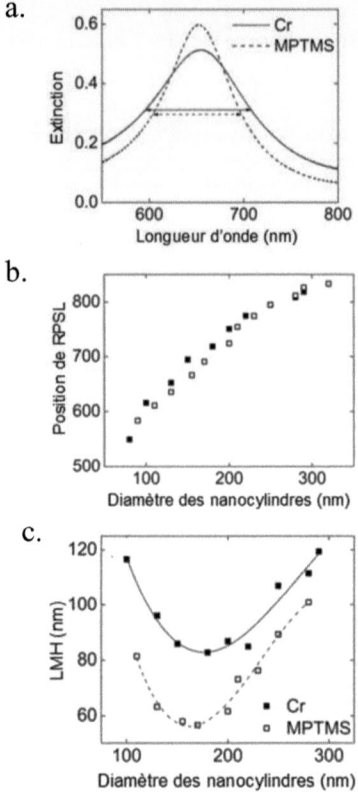

Figure 2.15 – a. Spectres d'extinction de réseaux de nanocylindres d'or (diamètre de 130 nm) avec du chrome (ligne continue) et du MPTMS (ligne discontinue) utilisés comme couche d'accroche. Pour ce diamètre spécifique, les valeurs de largeur à mi-hauteur (LMH) relevées sont 97 nm et 65 nm respectivement pour le chrome (flèche pleine) et le MPTMS (flèche discontinue). b. Evolution de la position de la RPSL en fonction du diamètre des nanocylindres avec du chrome (carrés noirs) et du MPTMS (carrés blancs) comme couche d'accroche. c. LMH des spectres d'extinction pour chaque diamètre de cylindre mesuré avec du chrome (carrés noirs) et du MPTMS (carrés blancs) comme couche d'accroche. Les lignes pleine et pointillée sont uniquement représentées pour aider la lecture.

2.3 Effet de la couche d'accroche

En effet, Nous avons vu précédemment que le signal de DRES optimal dans le cas de réseaux de nanoparticules cylindriques est atteint lorsque la position de la RPSL est située entre la longueur d'onde d'excitation (632.8 nm) et la longueur d'onde Raman (685 nm pour la bande Raman correspondant à 1200 cm^{-1}). On remarque que dans ce cas l'intensité DRES décroît pour des positions de résonances situées de part et d'autre de la position optimale. Avec une résonance plus fine, on peut s'attendre à une diminution plus rapide de l'intensité DRES pour les mêmes positions de résonance entourant la position optimale. C'est ce qui est effectivement observé lorsque l'exaltation est représentée en fonction de la position de la RPSL (figure 2.16). La courbe issue des mesures réalisées avec une couche de MPTMS s'affine par rapport à celle correspondant au chrome. Pour quantifier cet effet, on suppose que l'intensité DRES en fonction de la position de la RPSL peut être approximée par une Lorentzienne les spectres d'extinction ayant une forme proche d'une Lorentzienne. Tout d'abord, le maximum d'exaltation est obtenu pour une position de la RPSL de 642 nm pour chaque couche d'accroche, comme attendu. Ensuite, la largeur de cette courbe est d'environ 115 nm en utilisant le chrome tandis qu'elle décroit à 65 nm pour le MPTMS ce qui constitue une réduction supérieure à 40 % comparable aux LMH observées pour les positions de la RPSL. Ce résultat est donc également une nouvelle preuve de l'effet du FQ des RPSL sur l'exaltation en champ proche et sur l'intensité DRES.

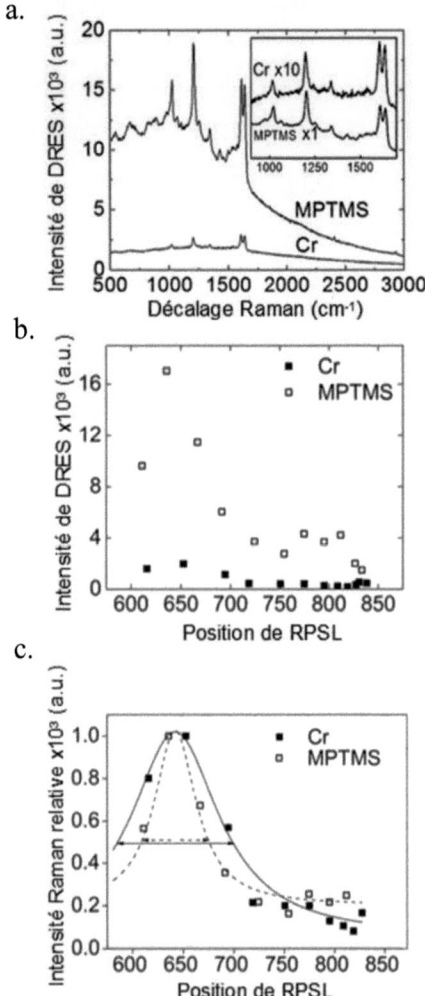

Figure 2.16 – *a. Spectres DRES de la BPE obtenus pour des réseaux de nanocylindres d'or (130 nm de diamètre) avec du chrome (spectre du bas) et du MPTMS (spectre du haut) comme couche d'accroche. L'image insérée montre le même spectre pour le MPTMS comparé avec celui pour le chrome agrandi 10 fois, indiquant que les positions des modes Raman sont inchangées par la*

modification de la couche d'accroche. b. Intensités DRES absolues et c. relatives en fonction de la position de la RPSL pour le chrome (carrés noirs) et le MPTMS (carrés blancs) utilisés comme couche d'accroche. Les déconvolutions par des Lorentziennes sont représentées en c) en ligne continue pour le chrome et discontinue pour le MPTMS. Les longueurs des flèches sont de 115 nm et 65 nm respectivement pour le chrome (flèche pleine) et le MPTMS (flèche discontinue).

Cette nouvelle technique d'adhésion proposée ici permet donc:

(i) une fixation efficace dans nanoparticules d'or lithographiées sur un substrat de verre;

(ii) une amélioration sensible des propriétés optiques et d'exaltation de ces nanoparticules augmentant l'intensité DRES d'un facteur 10;

(iii) une diminution de la LMH augmentant ainsi la durée de vie de la RPSL de 25 à 50 % en fonction du diamètre et du FQ des nanoparticules choisies.

Remarque : Ce travail à fait l'objet d'une publication dans la revue Plasmonics :

Lamy de la Chapelle, M. Shen, H. Guillot, N. Fremaux, B. Guelorget B. & Toury, T. New Gold Nanoparticles Adhesion Process Opening the Way of Improved and Highly Sensitive Plasmonics Technologies. *Plasmonics* (2012). DOI: 10.1007/s11468-012-9405-x

et d'une publication dans la revue Optics express :

Shen, H. Guillot, N. Rouxel, J. Lamy de la Chapelle, M. & Toury, T. Optimized plasmonic nanostructures for improved sensing activities. *Optics express* **20**, 21178 (2012).

2.4 Création de substrats insensibles à la polarisation du champ électrique incident

La section 2.2.2 a abordé l'effet paratonnerre [20], dans lequel le confinement des charges à la surface d'une nanoparticule à faible rayon de courbure induit un facteur d'exaltation supplémentaire. Ce phénomène se produit soit avec de très petites nanostructures, soit avec des nanostructures de formes allongées comme les nanobâtonnets, les nanofils ou les pointes. Les nanostructures de forme allongées ont l'inconvénient d'être extrêmement sensibles à la polarisation de la lumière [21,22]. En effet, pour exploiter ce fort confinement et la forte exaltation de champ associée, la polarisation de la lumière doit être parallèle à l'axe principal de la nanostructure. Tout autre angle de polarisation atténue fortement l'intensité de la RPSL ainsi que l'exaltation du champ proche sondé par la DRES en suivant une loi de Malus [1,23].

Cette dépendance peut s'avérer être un inconvénient majeur pour l'exploitation efficace de tous les phénomènes physiques mis en jeu en DRES (comme par exemple dans le cas les capteurs). Cela peut devenir problématique lorsque le contrôle de la polarisation de la lumière ne peut pas être réalisé efficacement comme dans le cas de l'utilisation d'une fibre optique ou lorsqu'un substrat actif en DRES ne peut être placé correctement. Pour éviter cela, des nanostructures plasmoniques apolaires doivent être conçues proposant une grande variété de formes pour ne pas être limité aux formes cylindriques et sphériques.

Dans le cadre de cette thèse, l'objectif est ici de démontrer que des nanostructures de formes autres que des cylindres ou des sphères pouvaient avoir un comportement apolaire. Il s'agit de montrer une stabilité des propriétés optiques (position de la RPSL et intensité DRES) qu'elle que soit l'orientation du champ électrique incident dans le plan du substrat.

Théoriquement, on peut démontrer que n'importe quelle nanoparticule complexe possédant un axe de symétrie C_n (et avec $n \geq 3$) a une réponse optique insensible à la polarisation de la lumière lorsque le vecteur d'onde du faisceau optique est parallèle à cet axe C_n. La polarisation totale de la particule P s'écrit sous la forme $\vec{P} = \bar{\alpha} \cdot \vec{E}$ où $\bar{\alpha}$ est le tenseur de polarisabilité qui détermine la réponse linéaire optique de la nanoparticule (tels que l'extinction, l'absorption, la diffusion ou la DRES) [24]. S'il n'y a pas de couplage entre les nanoparticules, la symétrie de $\bar{\alpha}$ contraint la symétrie de la réponse optique des nanoparticules. En coordonnées sphériques (C_j^m), la polarisabilité peut se décomposer de la manière suivante [25] :

$$\bar{\alpha} = \alpha_0^0 + \alpha_1^{-1} + \alpha_1^0 + \alpha_1^1 + \alpha_2^{-2} + \alpha_2^{-1} + \alpha_2^0 + \alpha_2^1 + \alpha_2^2 \quad (1)$$

De plus, une rotation de la particule d'un angle $\theta = 2\pi/n$ selon l'axe z affecte les termes de $\bar{\alpha}$: chaque α_j^m est alors multiplié par un facteur $\exp(i\theta m) = \exp(2i\pi m/n)$. Pour tous les termes α_1^m et $\alpha_j^{\pm 1}$, une rotation de π autour d'un axe approprié donne une valeur opposée de ce terme. Cette rotation équivaut à un décalage de phase de π du champ incident. Ainsi, ces termes peuvent être retirées car elles n'ont pas de sens physique : cela voudrait dire que le comportement optique de la nanoparticule serait modifiée par un décalage de phase de π du faisceau indicent. Par conséquent, $\bar{\alpha}$ se réduit à :

$$\bar{\alpha} = \alpha_0^0 + \alpha_1^0 + \alpha_2^{-2} + \alpha_2^0 + \alpha_2^2 \quad (2)$$

2.4 Nanostructures apolaires

De plus, il existe une relation entre α_2^{-2} et α_2^2 qu'il n'est pas nécessaire de définir explicitement dans ce cas. Pour une particule ayant un axe de symétrie C_n, une rotation de $\theta = 2\pi/n$ ne devrait pas affecter sa réponse optique ni les valeurs des termes en α_j^m. Ainsi, les termes α_j^m doivent respecter la condition suivante : $\alpha_j^m \cdot \exp(2i\pi m/n) = \alpha_j^m$. . Pour $n \geq 3$, $\exp(2i\pi m/n)$ ne peut pas être égal à 1 si $m = \pm 2$, donc les termes en $\alpha_2^{\pm 2}$ peuvent être éliminés. Afin de prendre en compte l'invariance par symétrie, la polarisabilité doit être réduite à :

$$\overline{\alpha} = \alpha_0^0 + \alpha_1^0 + \alpha_2^0 \tag{3}$$

Le terme α_0^0 décrit les propriétés de symétrie sphérique and α_2^0 est lié aux propriétés de symétrie cylindrique (autour de l'axe C_n). Donc, en ayant une symétrique C_n avec $n \geq 3$, la nanoparticule a donc le comportement optique d'un cylindre. Une telle nanostructure se comporte comme un système apolaire quelle que soit la polarisation de la lumière incidente avec un vecteur d'onde parallèle à l'axe C_n. Pour des nanoparticules couplées, ce modèle peut être appliqué à l'ensemble du groupe de nanoparticules et donne lieu aux mêmes conclusions.

La seule hypothèse incluse dans le modèle théorique est que la nanoparticule peut être décrite par au moins une symétrie C_n et que la nanoparticule appartienne au moins à un groupe C_n (groupe ponctuel incluant seulement l'opération identité E et les symétries par rotation C_n^p avec $p = 1$ à $n - 1$). Des symétries supplémentaires n'affecteront pas le modèle et la conclusion. Ainsi, toutes les nanoparticules qui appartiennent à un groupe ponctuel ayant comme sous groupe le groupe ponctuel C_n (avec $n \geq 3$) auront un comportement apolaire. Cet argument inclut de manière non exhaustive les groupes ponctuels C_{nv}, C_{nh}, D_{nv}, D_{nh}, D_n, S_{2n}, T, O. Les groupes de symétrie infinie tels que $C_{\infty v}$, D_∞, $D_{\infty h}$ et K sont également concernés : chacun d'entre eux incluant un axe C_∞ (description des nanocylindres et des nanosphères).

Ce modèle a été vérifié sur des nanostructures conçues par LFE et déposées sur un substrat de verre, chacune ayant au moins un axe de symétrie C_n : les nanocylindres appartiennent au groupe de symétrie $C_{\infty v}$, les nanoellipses au groupe C_{2v}, les nanotriangles et les nanoétoiles à trois pointes au groupe C_{3v} comme montré sur la figure 2.17. Ces nanoparticules appartiennent à des groupes ponctuels de type C_{nv} ayant un nombre réduit de symétries : la symétrie identité E, un axe C_n et n miroirs plans verticaux σ_v. Ce groupe ponctuel est le groupe le plus simple qui puisse être produit par lithographie électronique. Le groupe ponctuel C_n ne peut pas être produit car cela se traduirait par exemple par une forme d'étoile avec des bras asymétriques (type boomerang). De plus, comme le substrat brise toute symétrie miroir horizontale, σ_h, les nanoparticules appartenant aux groupes C_{nh} ou D_{nh} ne peuvent être produites. Cependant, les résultats présentés peuvent être aisément généralisés à des particules appartenant à de tels groupes ou à des groupes plus complexes.

La séparation entre deux nanostructures a été fixée à 200 nm et deux hauteurs de nanoparticules ont été étudiées : 50 et 80 nm. La figure 2.18 montre des spectres de RPSL typiques pour quatre types différents de nanostructures. La position et l'intensité des RPSL montrent de faibles variations pour les deux directions de polarisation perpendiculaire (0° et 90°) pour toutes les nanostructures sauf pour les nanoellipses présentant quant à elles une forte dépendance (figure 2.18b.).

2.4 Nanostructures apolaires

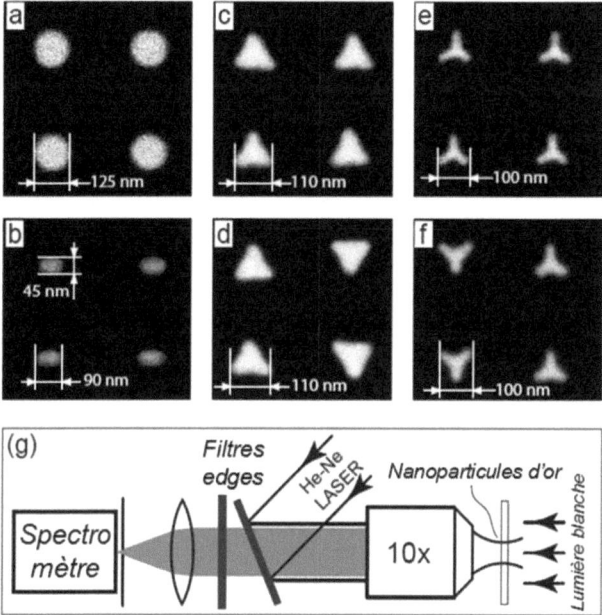

Figure 2.17 - *Images MEB de réseaux de nanocylindres a., nanoellipses b., nanoétoiles c., nanotriangles d., nanotriangles inversés e. et nanoétoiles inversées f. d'or. g. schéma du dispositif expérimental pour la mesure d'extinction.*

En effet, dans ce dernier cas, l'intensité de la RPSL ainsi que le facteur d'exaltation du champ proche associé diminuent de manière continue jusqu'à zéro pour une polarisation perpendiculaire à l'axe principal de l'ellipse. Ce phénomène a été démontré par Grand *et al* [1].

Pour toutes les autres géométries, la position et l'intensité de la RPSL sont quasi indépendantes de l'angle de polarisation. Par exemple, dans le cas des nanotriangles (figure 2.18e), on constate que la position de la RPSL présente de faibles variations de l'ordre de 20 nm en suivant la loi de Malus. Un tel décalage correspond à une erreur sur la taille d'environ 15 nm sur la taille des nanotriangles traduisant une erreur inférieure à 15%. Cet ordre de grandeur dans le décalage de la position de la RPSL par variation de l'angle de polarisation est comparable à celui observé pour les autres nanostructures comme montré en figure 2.17 indépendamment de la taille et de la forme des nanostructures (tableau 2.6).

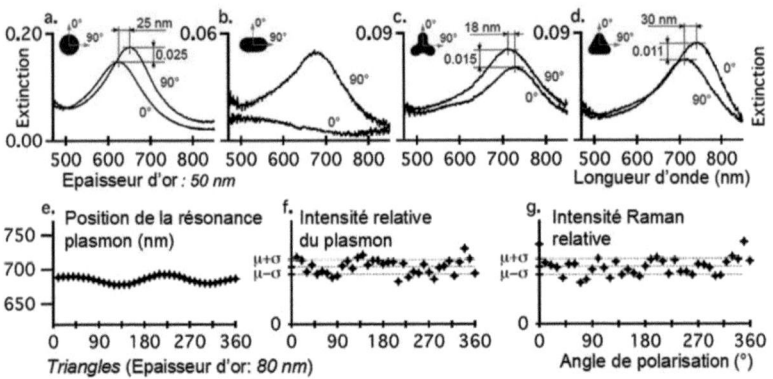

Figure 2.18 - *a-d : Spectres d'extinction pour deux directions de polarisation du champ incident (0° et 90°) pour des rangées de nanoparticules d'or en formes a. de cylindre : diamètre =125 nm, b. d'ellipse : 90 nm x 45 nm, c. d'étoile à trois branches : base = 100 nm et d) de triangles : base = 110 nm (la direction de propagation de la lumière est perpendiculaire au plan du substrat). Les variations en termes d'intensité d'extinction et de position de la RPSL sont également représentées. e-g : Variation de e. la position de la RPSL, f. l'intensité relative de la RPSL et g. l'intensité DRES relative en fonction de l'angle de polarisation du champ incident pour un réseau de nanotriangles (longueur des côtés = 110 nm, épaisseur = 80 nm, constant de réseau = 200 nm). En f. et g., les lignes pointillées représentent la valeur moyenne μ et l'écart-type σ des intensités.*

2.4 Nanostructures apolaires

Il est à noter qu'un décalage identique a été relevé pour les nanocylindres alors que ces structures sont intrinsèquement apolaires. Le décalage observé n'est donc pas dû à un quelconque phénomène physique spécifique ni à une dépendance en polarisation mais seulement à des incertitudes techniques apparaissant pendant la phase de production des nanostructures lithographiées. Cela pourrait donc être amélioré en utilisant des technologies plus précises.Le principal intérêt de telles structures est de pouvoir obtenir des intensités des RPSL constantes reflétant une excitation des RPSL constante et ainsi produisant une exaltation de champ proche constante. Pour estimer les variations des intensités des RPSL, les écart-types autour des positions moyennes d'intensité ont été calculés. Indépendamment de la forme des nanostructures, cet écart d'intensité se révèle être de l'ordre de 20 % montrant ainsi que, dans tous les cas, les plasmons sont excités de manière homogène pour la lumière incidente polarisée (tableau 2.6).

Afin d'estimer l'exaltation en champ proche des nanostructures, le signal DRES d'une molécule sonde (la BPE) a été mesuré. L'intensité de DRES dans le cas de nanotriangles est ainsi représentée en figure 2.18g. en fonction de l'angle de polarisation. Comme pour les intensités des RPSL, on remarque que les écart-types sont inférieurs à 20 % et inférieurs à ceux mesurés pour les intensités de RPSL (tableau 2.6). Un tel écart est faible comparé aux facteurs d'exaltation de l'ordre de 10^5 couramment observés pour de telles nanostructures [25]. Un décalage de la position de la RPSL de 10 ou 20 nm, qui est actuellement observé, peut également induire une diminution de l'intensité de DRES d'environ 20% pour des nanoparticules cylindriques et ellipsoïdales [1-3,14,26].

Ainsi, les variations d'intensité DRES peuvent être simplement expliquées par les variations de position des RPSL et seraient alors dues aux imperfections des nanostructures et la méthode de fabrication et non liées au concept d'apolarité. Toutefois, de telles variations sont parfaitement acceptables pour des applications capteur.

		Epaisseur	Cylindres	Ellipses	Triangles
RPSL	λ_{LSPR} (nm) [$\pm\Delta\lambda_{LSPR}$] (nm)	50 nm	636 [15]	675 [NA]	722 [15]
		80 nm	-	-	689 [9]
Intensité de RPSL	± Ecart type σ (%)	50 nm	±13[1.3]	±94[32]	±29[1.8]
		80 nm	-	-	±22[1.6]
Intensité Raman	[$R = \frac{I_{max}}{I_{min}}$]	80 nm	-	-	±16[1.4]

		Epaisseur	Triangles inversés	Etoiles	Etoiles inversées
RPSL	λ_{LSPR} (nm) [$\pm\Delta\lambda_{LSPR}$] (nm)	50 nm	715 [19]	731 [15]	756 [12]
		80 nm	697 [6]	722 [12]	708 [10]
Intensité de RPSL	± Ecart type σ (%)	50 nm	±16[1.4]	±34[2]	±24[1.6]
		80 nm	±20[1.5]	±10[1.2]	±19[1.5]
Intensité Raman	[$R = \frac{I_{max}}{I_{min}}$]	80 nm	±18[1.5]	±21[1.6]	±19[1.5]

Tableau 2.6 *Positions des RPSL avec leurs variations maximales indiquées entre crochets, écart-types sur les intensités des RPSL et DRES avec le rapport entre le maximum et le minimum d'intensité indiqué entre crochets pour 6 formes différentes and 2 épaisseurs (50 nm et 80 nm).*

Il peut alors être considéré que le facteur d'exaltation moyen en champ proche (calculé sur l'ensemble des molécules déposées à la surface des nanoparticules) est constant quel que soit l'angle de polarisation (intensité DRES constante). Même si la démonstration théorique n'est valide qu'en champ lointain, les mesures effectuées montrent clairement que le comportement optique apolaire de ces nanostructures est également valide en champ proche (facteur d'exaltation en DRES).

2.4 Nanostructures apolaires

Cette approche basée sur les groupes de symétries est donc valide aussi bien en champ lointain qu'en champ proche. En effet, les symétries et la notion de groupes ponctuels ne dépendant pas de la distance à l'objet considéré, les considérations de symétrie doit rester valides quelle que soit la distance par rapport à la nanostructure et donc aussi bien pour le champ lointain que pour le champ proche. Dans les deux cas, le champ doit conserver la symétrie de la nanostructure qui l'a générée.

Ces résultats démontrent alors clairement que des structures plasmoniques complexes peuvent avoir un comportement apolaire. Ainsi, les nanostructures apolaires ne se limitent pas aux nanoparticules cylindriques ou sphériques mais peuvent avoir des extrémités pointues tant qu'elles incluent un axe de symétrie d'ordre supérieur à 2. De plus, les décalages en termes de position de RPSL ainsi que les variations des intensités des RPSL et DRES peuvent a priori être largement réduits en améliorant les conditions et les technologies de fabrication. Il a également été démontré que le couplage de plusieurs nanoparticules (abordé au chapitre 3) produit des points chauds permettant d'atteindre des facteurs d'exaltation géants. Malheureusement, de tels couplages sont également dépendants de la direction de polarisation puisque les points chauds peuvent seulement être excités pour une direction de polarisation parallèle à l'axe de couplage des nanoparticules. Cela pourrait alors être surmonté par la création de points chauds apolaires en utilisant une architecture spécifique de couplage de nanoparticules en respectant un axe de symétrique d'ordre supérieur à 2. Cette configuration pourrait être réalisée par des trimères ou n'importe quel « multimère » de nanoparticules également distribué autour d'un axe central.

Remarque : Ce travail à fait l'objet d'une publication dans la revue Plasmonics:

Lamy de la Chapelle, M. Guillot, N. Fremaux, B. Shen, H. & Toury, T. Novel apolar plasmonic nanostructures with extended optical tunability for sensing applications *Plasmonics* (2012). DOI:10.1007/s11468-012-9413-x

2.5 Synthèse finale : Configuration optimale de substrats nanolithographiés

Dans le cadre de cette thèse, la configuration de base était la suivante : des rangées de nanoparticules de forme cylindriques liées à un substrat de verre par une couche d'accroche de chrome et produisant un facteur d'exaltation Raman moyen de l'ordre de 10^5. De cette structuration de base, voici les différents gains d'exaltation du signal de DRES possible :

(i) *Le matériau métallique* (non abordé dans ce manuscrit mais au combien non négligeable): L'utilisation de l'argent plutôt que de l'or permet en général une progression minimal d'un facteur 10 mais dans le cadre de la création d'un capteur biologique ou chimique, l'or sera préféré ;

(ii) *la règle d'optimisation de l'intensité de DRES* en fonction de la forme des nanoparticules correctement suivie *augmente d'un facteur 10* l'intensité de DRES dans le cadre de nanoparticules de section cylindriques et d'un facteur proche de 10 pour les nanoparticules type bâtonnets (cf. section 2.1 et 2.2);

(iii) *La longueur d'onde d'excitation* : Il apparaît que, toutes proportions gardées (puissance, temps d'intégration et nombre de nanoparticules dans la zone de collection), une augmentation d'un facteur 4 est possible. Le volume vu par chaque nanoparticule augmente lorsque la longueur d'onde d'excitation augmente (cf. section 2.2) ;

(iv) *La couche d'accroche des nanoparticules* : le passage du chrome au MPTMS permet une *amélioration d'un facteur 10* (cf. section 2.3);

(v) Le *passage à une forme de nanoparticule dite allongée* (nanobâtonnets, nanofils) où plus généralement dont les axes de symétrie ont un degré inférieur devraient induire un gain supplémentaire grâce à l'effet paratonnerre. Néanmoins, celui-ci n'a pas pu être mis en évidence dans nos travaux.

Finalement, il est possible d'obtenir une amélioration d'un facteur 400 de l'exaltation Raman par rapport à la configuration de base énoncée plus haut. Cette amélioration peut être atteinte dans la configuration suivante :

- un substrat de verre ;

- une couche d'accroche de MTPMS de quelques nanomètres ;

- des rangées de nanocylindres d'or de 220 nm de diamètre et 60 nm de hauteur espacés bord à bord de 200 nm ;

- une longueur d'onde d'excitation 785 nm.

Ce chapitre à permis de mettre en avant les paramètres permettant une optimisation de l'exaltation Raman dans le cas de rangées de nanostructures découplées. Néanmoins, on remarque que la hauteur des nanoparticules n'a pas été étudiée. Or, J. Grand a montré qu'une modification de ce paramètre induit un large décalage de la position de la RPSL [28] et le groupe de R. Van Duyne a mis en avant une modification de la sensibilité des nanoparticules [29].

Ce paramètre n'a pas pu être étudié durant cette thèse mais il est indirectement mis en jeu dans le chapitre 3 dévolu à l'étude de l'effet du confinement des PSL. C'est effectivement ce dernier qui intervient dans les expériences citées ci-dessus. La stratégie mise en place pour l'étude de cet effet utilisera le dernier paramètre volontairement omis jusqu'ici : le couplage champ proche des réseaux de nanoparticules.

Bibliographie

[1] Grand, J. Lamy de la Chapelle, M. Bijeon, JL. Adam, PM. Vial, A. Royer, P. Role of localized surface plasmons in surface-enhanced Raman scattering of shape-controlled metallic particles in regular arrays. *Phys Rev B* **72**, 33407 (2005).

[2] Haynes, CL. Van Duyne, R.P. Plasmon-sampled surface-enhanced Raman excitation spectroscopy. *J Phys Chem B* **107** 7426–33(2003).

[3] Félidj, N. *et al.* Controlling the optical response of regular arrays of gold particles for surface-enhanced Raman scattering. *PRB* **65**, 075419 (2002).

[4] Wokaun, A. Surface-Enhanced Electromagnetic Processes. *Solid State Physics* **38**, 223–294 (1984).

[5] Guillot, N. Lamy de la Chapelle, M. *Nanoantenna.* New York: J.G. Webster: Encyclopedia of Electrical and Electronics Engineering (2012).

[6] Le Ru, EC. Grand, J. Felidj, N. Aubard, J. Levi, G. Hohenau, A. *et al.* Experimental verification of the SERS electromagnetic model beyond the $|E|^4$ approximation: polarization effects. *J Phys Chem C* **112**, 8117–21 (2008).

[7] Krenn, J. R. *et al.* Design of multipolar plasmon excitations in silver nanoparticles. *Appl. Phys. Lett.* **77**, 3379–3381 (2000).

[8] Schider, G. *et al.* Plasmon dispersion relation of Au and Ag

nanowires. *PRB* **68**, 155427 (2003).

[9] Laurent, G. *et al.* Evidence of multipolar excitations in surface enhanced Raman scattering. *PRB* **71**, 045430 (2005).

[10] Laurent, G. Felidj, N. Aubard, J. Levi, G. Krenn, JR. Hohenau, A. *et al.* Surface enhanced Raman scattering arising from multipolar plasmon excitation. *J Chem Phys* **122**, 011102–42005.

[11] Billot, L. *et al.* Surface enhanced Raman scattering on gold nanowire arrays: Evidence of strong multipolar surface plasmon resonance enhancement. *CPL* **422**, 303–307 (2006).

[12] Felidj, N. *et al.* Far-Field Raman Imaging of Short-Wavelength Particle Plasmons on Gold Nanorods. *Plasmonics* **1**, 35–39 (2006).

[13] Guillot, N. Lamy de la Chapelle, M. The electromagnetic effect in surface enhanced Raman scattering: Enhancement optimization using precisely controlled nanostructures. *JQSRT in press* (2012).

[14] McFarland, A. D., Young, M. A., Dieringer, J. A. & Van Duyne, R. P. Wavelength-Scanned Surface-Enhanced Raman Excitation Spectroscopy. *J. Phys. Chem. B* **109**, 11279–11285 (2005).

[15] Felidj, N. *et al.* Optimized surface-enhanced Raman scattering on gold nanoparticle arrays. *Appl. Phys. Lett.* **82**, 3095–3097 (2003).

[16] Grimault, A., Vial, A. & Lamy de la Chapelle, M. Modeling of regular gold nanostructures arrays for SERS applications using a 3D FDTD method. *Appl. Phys. B* **84**, 111–115

(2006).

[17] Guillot, N. et al. Surface enhanced Raman scattering optimization of gold nanocylinder arrays: Influence of the localized surface plasmon resonance and excitation wavelength. *Appl. Phys. Lett.* **97**, 023113-3 (2010).

[18] Park, S. H., J. H., J. W., Chun, B. H. & Kim, J. H. *Microchemical Journal* **63**, 71 (1999).

[19] Goss, C. A. et al. *Anal. Chem.* **63**, 85 (1991).

[20] Fang, N. & al. Sub-diffraction limited optical imaging with a silver superlens. *Science* **308**, 534 (2005).

[21] Grandidier, J. & et al Dielectric-loaded surface plasmon polariton waveguides on a finite-width metal strip. *Appl. Phys. Lett.* **96**, 63105 (2010).

[22] Douglas, P., Stokes, R. J., Graham, D. & Smith, W. E. Immunoassay for P38 MAPK using surface enhanced resonance Raman spectroscopy (SERRS). *Analyst* **133**, 791 (2008).

[23] Fazio, B. D'Andrea, C. Banaccorso, F. et al. Re-radiation Enhancement in Polarized Surface-Enhanced Resonant Raman Scattering of Randomly Oriented Molecules on Self-Organized Gold Nanowires. *ACS Nano* **5**, 5945-56 (2011).

[24] Stokes, R. J. et al. Surface-enhanced raman scattering spectroscopy as a sensitive and selective technique for the detection of folic acid in water and human serum. *Appl. Spectrosc.* **32**, 371 (2008).

[25] Shafer-Peltier, K. E., Haynes, C., Glucksberg, M. R. & Van Duyne, R. P. Toward a glucose biosensor based on surface enhanced raman scattering. *J. Am. Chem. Soc.* **125**, 588

(2003).

[26] Le Ru, E.C. *et al.* Surface enhanced Raman spectroscopy on nanolithography-prepared substrates. *Curr. Appl. Phys.* **8**, 467–470 (2008).

[27] Bozhevolnyi, S. I. & et al Channel plasmon subwavelength waveguide components including interferometers and ring resonators. *Nature* **440**, 508 (2006).

[28] Grand, J. Chapitre 1: Les plasmons de surface. *Thèse : Plasmons de surface de nanoparticules: spectroscopie d'extinction en champs proche et lointain, diffusion Raman exaltee,* p58 (2004).

[29] Yonzon, C. R. *et al.* Towards advanced chemical and biological nanosensors—An overview. *Talanta* **67**, 438–448 (2005).

Chapitre 3

Mise en valeur des caractéristiques d'un nanocapteur : Etude du confinement des plasmons de surface localisés dans une nanoantenne

Sommaire

3.1 Introduction 175

3.2 Capteurs par résonance de plasmons de surface localisé 177
    3.2.1 Capteurs par résonance de plasmons de surface délocalisé (RPSD) 178
    3.2.2 Capteurs par résonance de plasmons de surface localisé (RPSL) 179

3.3 Etude du confinement du champ électromagnétique local par couplage champ proche de nanoantennes 186
    3.3.1 Introduction 186
    3.3.2 Description succincte des échantillons étudiés 191
    3.3.3 Observation champ lointain : extinction 194
    3.3.4 Observation en champ proche : DRES 213

3.4 Conclusion 232

Bibliographie 234

Chapitre 3 : Confinement des plasmons de surface localisés dans une nanoantenne

Le chapitre en deux dessins

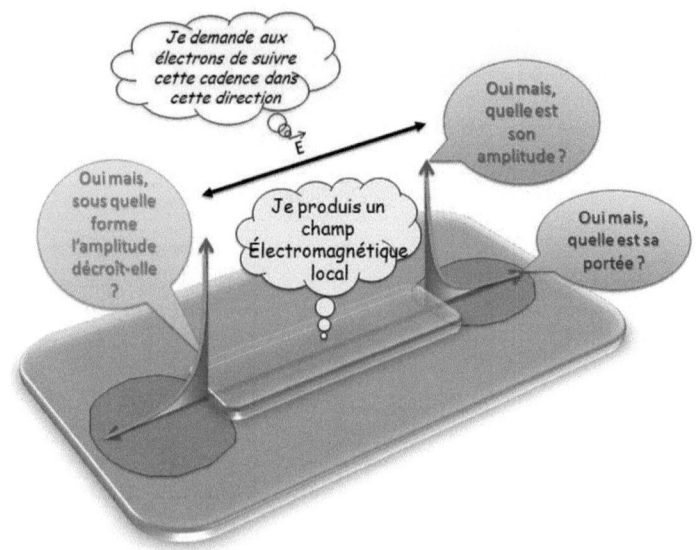

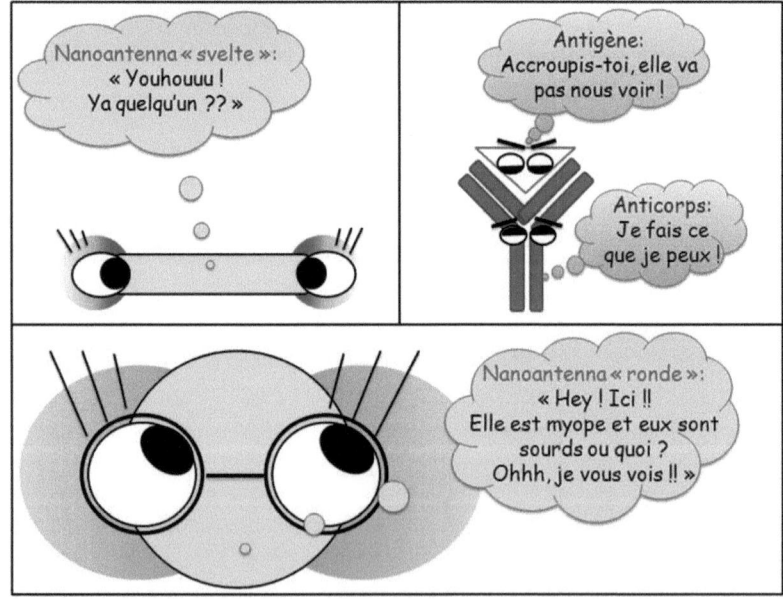

3.1 Introduction

Jusqu'à présent, nous avons présenté une série de paramètres permettant d'améliorer l'exaltation Raman de molécules dites « test » (BPE et Thiophénol) déposées sur des réseaux de nanoparticules métalliques lithographiées. La dénomination « test » vient du fait que ces molécules:

(i) présentent des spectres Raman connus et aisément identifiables (peu d'atomes donc peu de raies caractéristiques) ;

(ii) se déposent de manière homogène aussi bien dans leur répartition que dans la manière dont elles se déposent sur la surface (admis) ;

(iii) présentent des spectres facilement observables (forte section efficace de diffusion Raman) ;

(iv) sont de petites tailles (environ 1 nm chacune) qui leur assurent *d'être « vues » par les nanoantennes.*

Néanmoins, la finalité des capteurs basés sur la RPSL (capteur RPSL lui-même, capteur DRES, capteur MEF) est la détection d'analytes :

(i) de poids moléculaire beaucoup plus important et de structure (donc présentant des spectres Raman) beaucoup plus complexe (ex : protéines) ;

(ii) dont le dépôt et l'orientation est aléatoire (donc spectre aléatoire) ;

(iii) de plus faible section efficace de diffusion Raman (signal faible);

(iv) dont la taille ne permet pas que les sites caractéristiques soient systématiquement « *vus* » *par les nanoantennes*.

Dans le cadre du projet européen Nanoantenna, les cibles sont des protéines biomarqueurs caractéristiques de pathologies. Le point (i) soulevé précédemment a fait l'objet d'une étude portée sur l'identification de la signature spectrale de ces biomarqueurs. Le point (ii) a fait l'objet du développement d'une stratégie de fonctionnalisation de la surface des nanoparticules métalliques permettant, d'une part, la sélection spécifique du biomarqueur en question dans un fluide biologique et, d'autre part, une orientation adéquat systématique du biomarqueur lors de son dépôt.

La suite de ce travail de thèse concerne les points (iii) et (iv). Afin de palier à la faible section efficace des biomarqueurs étudiés (iii), nous avons vu au chapitre précédent les paramètres permettant d'améliorer de manière significative l'exaltation Raman. Un paramètre n'a cependant pas été étudié : la distance entre les nanoparticules métalliques menant au couplage champ proche des

PSL. Nous avons choisi d'étudier ce paramètre d'une manière particulière.

En effet, l'étude de l'effet de la séparation entre les nanoparticules va nous permettre de manière indirecte de comprendre ce que peuvent « *voir* » *les nanoantennes* (iv). Par « voir » nous entendons la portée du champ électromagnétique local issu de l'excitation des nanoantennes par un rayonnement incident.

Afin de mieux comprendre les problématiques inhérentes aux capteurs par RPSL, nous proposons de débuter par une explication de leur fonctionnement et la mise en valeur des paramètres clé.

3.2 Capteurs par résonance de plasmons de surface localisé

Les capteurs par résonance de plasmons de surface *délocalisés* ou propagatifs (*capteurs RPS¹*, on trouvera capteurs SPR sensor dans la littérature) ont été largement utilisés depuis plusieurs années et leur fiabilité et leur efficacité ont été largement démontrées pour la détection de molécules cibles. Dans un premier temps, nous allons donc présenter les principaux atouts de ce type de capteur afin de montrer les avantages que peut apporter l'utilisation de nanoparticules dans les capteurs RPS *localisés* (*capteurs RPSL*, LSPR sensors dans la littérature).

---

[1] On notera que la différence entre les deux types de capteurs évoqués ci-dessus tient au qualificatif attribué aux plasmons de surface (PS) qui peuvent donc être soit « délocalisés », soit « localisés ». Dans la littérature, les capteurs basés sur des PS délocalisés ne sont pas désignés par l'acronyme PS « D», le « D » étant occulté tandis que le « L » de « localisés » est quant à lui bien présent. Ainsi, si l'aspect « localisés » n'est pas explicité, il est alors question de PS « délocalisés ».

Pour plus de détails sur la RPS délocalisée utilisée pour des applications capteurs, on pourra se reporter aux références [1,2].

3.2.1 Capteurs par résonance de plasmons de surface délocalisé (RPSD)

Un capteur RPSD est constitué d'un film métallique plan jouant le rôle de support pour les plasmons de surface délocalisés (PSD) (comprendre : onde de surface ayant la capacité de se propager) (Figure 3.1a). Même s'il n'est pas explicité dans la littérature, le « D » de « délocalisé » sera indiqué ici pour plus de clarté. Si on représente la courbe de dispersion de ces PSD et si on la compare avec celle de la lumière dans le vide, on s'aperçoit que ces deux courbes ne se croisent jamais (voir figure 1.5 du chapitre 1). En d'autres termes, les PSD ne peuvent jamais être excités par de la lumière de manière naturelle. Cependant, lorsqu'un prisme précède le film métallique, la lumière incidente, sous un angle critique, excite les PSD. Ces ondes créées se propagent à la surface du film et leur amplitude décroît exponentiellement perpendiculairement à la surface du film dans le milieu environnant sur une distance typique de 200 nm [3-5]. *Cette distance est appelée longueur de décroissance de l'amplitude du champ électromagnétique local l_d*. En d'autres termes, toute matière située au delà de l_d par rapport à la surface ne sera pas « vue »/détectée par l'intermédiaire du PSD. Ce champ électromagnétique confiné et évanescent peut être vu comme une sonde du milieu environnant la surface du film dans la mesure où les caractéristiques des PSD (position de la résonance et amplitude) dépendent en particulier de l'indice de réfraction (IR) du milieu environnant $n_1 = (\varepsilon_1)^{\frac{1}{2}}$.

Ainsi, la moindre variation de n_1 sur la distance l_d induit un décalage de la résonance des PSD (RPSD). L'observation du décalage de la résonance est habituellement réalisée par la mesure de la variation de l'intensité de lumière incidente réfléchie par le film en fonction de l'angle d'incidence critique (Figure 3.1c). La cinétique d'attachement d'un composé au film ou à une surface fonctionnalisée se détermine en mesurant en fonction du temps soit la variation de l'angle critique soit la variation de la valeur de l'indice de réfraction en surface (en unité d'indice de réfraction,UIR) proportionnelle à l'angle critique (Figure SPIE3.1d). Typiquement, la *sensibilité* de ce type de capteur *définie par le décalage spectral de RPSD par UIR* se situe aux environs de 10^6 nm/UIR et une zone minimale de 10 µm² est habituellement requise pour les mesures [3,5].

3.2.2 Capteurs par résonance de plasmons de surface localisé (RPSL)

Lorsque la taille du matériau métallique utilisé est réduite à l'échelle nanométrique, les PS ne peuvent plus se propager à cause du confinement imposé par la taille de la nanoparticule (Figure 3.1b). Les PS sont dès lors qualifiés de « *localisés* » (PSL) et ont la particularité de pouvoir se coupler directement à la lumière contrairement aux PSD. Ainsi, aucun composant supplémentaire comme un prisme n'est nécessaire pour exciter et exploiter les PSL. En fonction de la taille de la zone de collection du système de détection utilisé, le nombre de nanoparticules excitées, qui se comportent comme des nanocapteurs individuels, peut aller de plusieurs millions jusqu'à une seule nanoparticule fournissant ainsi une résolution latérale bien plus faible que celle des capteurs par RPS [6]. L'ordre de grandeur typique de sensibilité des capteurs par RPSL s'élève à 10^2 nm.RIU^{-1}, soit deux à quatre ordres de grandeurs inférieurs à la sensibilité des capteurs par RPS.

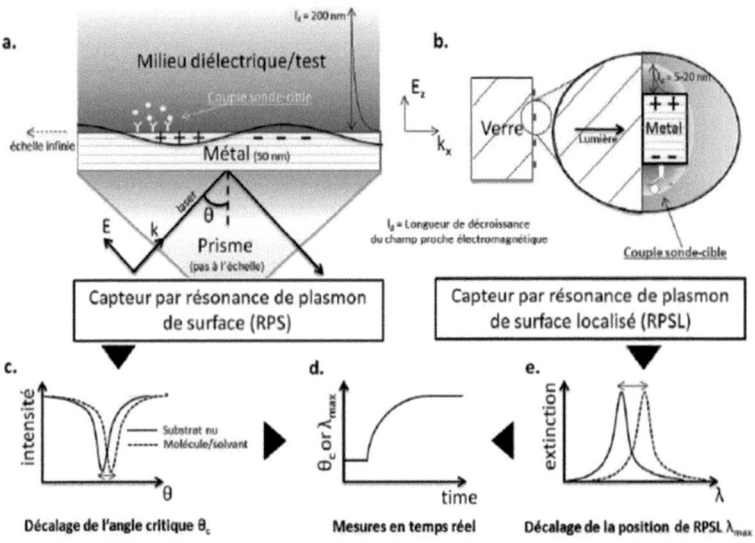

Figure 3.1 – *Principes de fonctionnement des capteurs par RPSD a. et RPSL b. Dans les deux cas, nous représentons la direction du vecteur d'onde (k_x) et la polarisation de la lumière incidente (E_z), un exemple de la répartition des charges électriques et une valeur typique de la longueur de décroissance de l'amplitude du champ proche électromagnétique l_d. c. et e. sont des exemples de mesures typiques réalisées respectivement avec un système basé sur la RPSD et un système basé sur la RPSL et d. montre que la cinétique de dépôt de molécules peut être mesurée sur les deux systèmes.*

Cependant, du fait des dimensions des nanoparticules, les PSL sont beaucoup plus confinés que dans le cas des PSD.

3.2 Capteurs par résonance de plasmons de surface localisé

En conséquence, la valeur typique de l_d passe de 200 nm pour les capteurs par RPS à 5-20 nm pour les capteurs par RPSL (Figure 3.1b) ce qui rend ces derniers moins sensibles aux interférences dues aux changement d'IR (variation de température par exemple) et plus sensibles à la moindre variation située à proximité de la surface [5,7]. Cela a surtout pour conséquence de réduire la taille des objets molécules pouvant être détectées. Néanmoins, nous verrons plus loin que l_d peut être contrôlé en changeant la taille et la forme des nanoparticules, elles-mêmes contrôlée par les techniques de lithographie [8,9]. Les capteurs par RPSL fournissent donc la même information que les capteurs par RPSD mais avec une meilleure capacité pour la détection de faibles variations d'indice de réfraction dus par exemple à l'attachement de petites molécules (de poids moléculaire aussi faible que 1000g/mol par exemple) ou l'attachement de petites quantités de molécules. Un autre avantage est la possibilité de miniaturisation de ce capteur grâce à l'utilisation de nanoparticules métalliques.

Pour ces deux capteurs, le moindre dépôt d'un solvant ou d'une molécule sur le métal induit une augmentation de l'indice de réfraction environnant. Dans les deux cas, le milieu environnant peut être vu comme un ensemble de charges se déposant à la surface du métal et venant perturber l'énergie d'oscillation des PS(D ou L). Cela se traduit par un décalage $\Delta\lambda_{max}$ vers le rouge de la longueur d'onde de résonance des PS et se décrit dans le cas d'un dépôt d'un solvant par la relation suivante :

$$\Delta\lambda_{max} = m\Delta n \qquad (1)$$

avec m, *la sensibilité du capteur* à l'indice de réfraction « massif » (en nm/UIR) et Δn, la variation de l'indice de réfraction entre deux solvants. « Massif » correspond à un milieu dont la taille est comparable ou supérieure à la longueur d'onde d'excitation dans les trois dimensions de l'espace et donc supérieure à la longueur de décroissance du PS. De manière générale, la sensibilité m est déterminée expérimentalement en mesurant la variation de la longueur d'onde de RPSL lors d'un changement d'indice de réfraction du solvant vu par le capteur (Figure 3.2a). L'indice de réfraction est modifiée en utilisant différents solvants (par exemple : le méthanol : n=1.329, l'eau : n=1.333, l'acétone : n=1.359 ou l'heptane : n=1.386) ou en utilisant différentes concentrations d'un même composé (par exemple quelques pourcents de saccharose dans l'eau) [10,11]. La sensibilité est complètement décrite par la figure de mérite (FDM) définit comme le rapport de m sur la largeur à mi-hauteur (LMH) du spectre d'extinction obtenu. Il est à noter que dans le domaine des capteurs par RPSL, m était à la base définie en unité de longueur d'onde par UIR. Cependant, dans la littérature, on trouve de plus en plus la grandeur m définit en termes d'énergie de résonance (eV/UIR). De plus, même si le domaine spectral étudié dans ce type d'expérience est fin (550-900 nm), il faut garder à l'esprit que $\Delta \lambda_{max}$ ne varie pas linéairement avec Δn et ce, quel que soit le milieu environnant (un solvant ou une couche de molécules). m n'est donc pas une grandeur constante sur tout le domaine spectral étudié.

L'équation (1) est simple dans la mesure où le milieu environnant vu par la nanoparticule est de taille infinie. Cependant, dans le cas d'un dépôt d'une monocouche de molécules, $\Delta \lambda_{max}$

3.2 Capteurs par résonance de plasmons de surface localisé

dépend fortement du volume sondé par le champ proche électromagnétique autour de la nanoparticule métallique caractérisé par sa longueur de décroissance l_d. L'expression du décalage de la position de RPSL en supposant une décroissance exponentielle de l'amplitude du champ proche électromagnétique s'exprime alors de la manière suivante :

$$\Delta\lambda_{max} = m\Delta n \left[1 - exp\left(\frac{-2d}{l_d}\right)\right] \qquad (2)$$

avec Δn exprimant à présent la variation de l'indice de réfraction entre la monocouche de molécules et son solvant par exemple et d, l'épaisseur effective de la couche produite par la molécule adsorbée (cette épaisseur peut être plus faible que la taille de la molécule si le recouvrement des nanoparticule n'est pas complet) [9,12,13]. A partir de l'équation (2), on remarque que l'épaisseur d de la couche de molécules adsorbées peut être mesurée ainsi que le taux de recouvrement de la surface par ces molécules.

Les capteurs biologiques (Figure 3.2b) sont quant à eux généralement basés dans un premier temps sur le dépôt d'une monocouche auto-assemblée (MAA) de molécules dont le rôle est de capturer les molécules sondes puisque ces dernières n'ont pas d'affinité naturelle particulière avec la surface métallique. Une molécule usuelle jouant le rôle de MAA est l'acide 11-mercaptoundecanoic (AMU) [14]. Une des deux extrémités de l'AMU est formée d'un groupement thiol (-SH) qui a une forte affinité (attachement covalent) avec les nanoparticules métalliques (or ou argent par exemple).

L'autre extrémité formée d'un groupement carboxyle (-COOH) peut s'attacher directement à une autre molécule possédant une affinité avec ce groupement ou à un agent de couplage. Pour être sûr que la surface est totalement recouverte et pour éviter tout dépôt de la molécule sonde ou cible directement sur la surface métallique, une molécule de blocage comme l'octanethiol (OT) doit être sérieusement envisagée [15].

La stratégie de détection principale des capteurs biologiques est ensuite basée sur le couple sonde-cible, par exemple le couple anticorps-antigène, où l'anticorps est attaché sur la MAA afin de pouvoir détecter l'antigène (noter que l'inverse est évidemment possible).

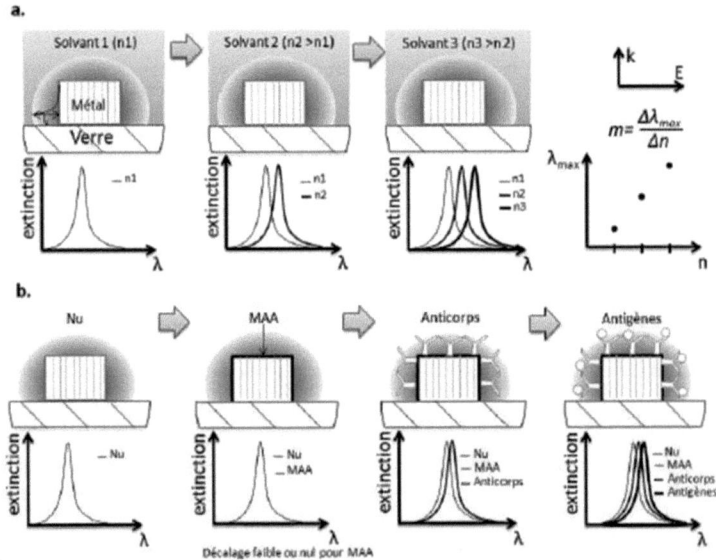

Figure 3.2 - *a. Schéma du principe de mesure de la sensibilité d'une nanoparticule métallique au milieu environnant montrant le dépôt successif de trois solvants différents. La sensibilité m est*

également représentée (graphe le plus à droite). b. représente les différentes étapes pour la détection d'antigènes (molécule cible). La MAA est déposée sur la surface métallique afin de fixer les anticorps (molécules sonde) dont le rôle est de capter les cibles. Le vecteur d'onde **k** et le champ électromagnétique **E** du rayonnement incident sont représentés. Le champ proche électromagnétique est également représenté afin de montrer la nécessité de contrôler le paramètre l_d et de choisir un couple MAA-sonde le plus petit possible

Souvenons-nous que le système MAA-sonde doit avoir une taille totale la plus faible possible puisque la détection est limitée par l_d. Dans ce cas, $\Delta n = n_{eff} - n_{ext}$ où n_{eff} représente l'indice de réfraction effective de la structure constituée de trois couches (la MAA, la sonde et la cible) et n_{ext} l'indice de réfraction du milieu environnant la dernière couche considérée. n_{eff} est obtenu en intégrant entre zéro et l'infini l'indice de réfraction local $n(z)$ dépendant de la distance par rapport à la surface métallique [3] :

$$n_{eff} = \frac{2}{l_d} \int_0^\infty n(z) dz$$

(3)

avec $n(z)$ l'indice de réfraction à la distance z de la surface et définit par :

$$n(z) = \begin{cases} n_{MAA+sonde} & 0 \leq z \leq d_{MAA+sonde} \\ n_{cible} & d_{MAA+sonde} \leq z \leq d_{MAA+sonde} + d_{cible} \\ n_{ext} & d_{MAA+sonde} + d_{cible} \leq z \leq \infty \end{cases}$$

(4)

Les décalages de position de RPSL ($\Delta\lambda_{max.cible/sonde}$) mesurés après le dépôt de la cible s'écrit alors :

$$\Delta\lambda_{max.cible/sonde} = \lambda_{max.cible} - \lambda_{max.sonde}$$
$$= m(n_{cible} - n_{ext})$$
$$\cdot \left[exp\left(\frac{-2d_{MAA+sonde}}{l_d}\right)\right]\left[1 - exp\left(\frac{-2d_{cible}}{l_d}\right)\right] \quad (5)$$

avec $\lambda_{max.sonde}$ et $\lambda_{max.cible}$, les longueurs d'onde de RPSL mesurées respectivement après le dépôt de la sonde et de la cible. Ainsi, des informations clés telles que le taux de recouvrement ou le nombre de cibles attachées peuvent être extraites. Finalement, pour vérifier que la réponse du nanocapteur RPSL est bien celle d'un attachement spécifique de la cible sur la sonde, plusieurs études d'attachement non –spécifique peuvent être effectuée (en utilisant de l'albumine de sérum bovin par exemple) [16].

3.3 Etude du confinement du champ électromagnétique local par couplage champ proche de nanoantennes

3.3.1 Introduction

Dans le cadre de ce manuscrit, nos préoccupations concernent la caractérisation du champ électromagnétique local produit par des nanoparticules métalliques : confinement du champ, allure de la décroissance, amplitude maximale, inflexion et longueur caractéristique de décroissance l_d.

3.3 Etude du confinement du champ électromagnétique local

Les premières investigations concernant l_d réalisées par le groupe de R. Van Duyne montrent que la forme de la nanoparticule modifie l_d (20 nm pour des réseaux de triangles de 100 nm de côté et 25 nm pour des hémisphères de même taille) [8,9]. Ces mêmes auteurs indiquent que l_d augmente avec la taille des nanostructures. L'épaisseur des nanostructures joue également un rôle sur l_d [17] ainsi que sur la sensibilité : Concrètement, le décalage de la RPSL observé est quatre fois plus grand pour une réduction de hauteur d'un facteur trois [18]. Ces exemples montrent ainsi qu'un contrôle précis des paramètres géométriques à l'échelle nanométrique et donc, des propriétés optiques des nanoparticules est crucial pour l'optimisation de nanocapteurs.

Plus précisément, l'importance du paramètre l_d montre que pour détecter une molécule d'intérêt, il ne s'agit plus seulement de rechercher les paramètres produisant l'exaltation la plus forte possible mais il s'agit avant tout de considérer que cette exaltation puisse être inutile si celle-ci n'atteint pas la molécule à détecter. On se rend compte également que l'étude du champ proche électrique et son optimisation concerne tous les capteurs basés sur la RPSL et donc les capteurs DRES y compris, le signal DRES dépendant directement (non linéairement) de l'amplitude du champ proche électrique.

L'enjeu de la suite de ce manuscrit concerne l'étude des caractéristiques du champ électromagnétique local, autrement dit son confinement, par le couplage champ proche des nanoparticules métalliques. L'approche choisie est basée sur la diminution progressive de la séparation entre des nanoparticules métalliques organisées en réseau et produite par LFE.

Lorsque la séparation entre des nanoparticules métalliques est de quelques nanomètres, un champ très intense est observé dans la séparation et est appelé « point-chaud » [19,20]. Des études ont été menées aussi bien de manière expérimentales que par des simulations théoriques pour comprendre le phénomène de couplage des nanostructures et ce, pour différentes formes comme des dimères de nanocylindres [21,22,23], de nanobâtonnets [24,25,26] et de nanotriangles (appelés « nœuds papillon » ou bowties en anglais) [27,28,29]. Certains auteurs ont étudié cet effet à partir de l'observation de la photoluminescence exaltée à deux photons (PEDP) induite par l'or en présence de champs exaltés [30]. En étudiant la PEDP en fonction de l'inverse de la séparation entre les nanoparticules, des longueurs de décroissance l_d de quelques dizaines de nanomètre ont été mesurées [29].

L'étude de l'évolution de l'énergie de la RPSL en fonction de la distance de séparation entre nanoparticules donne un aperçu plus physique. En effet, cette évolution est caractéristique du comportement de deux oscillateurs couplés. Lorsque les champs électromagnétiques produits par les deux nanoparticules commencent à se recouvrir, deux nouveaux modes hybrides de RPSL sont créés. L'un est symétrique et l'autre anti-symétrique avec des énergies de résonance respectivement de plus faibles et plus fortes énergies que celle d'une nanoparticule individuelle [31]. La force de couplage entre deux nanoparticules (appelée également « efficacité de couplage ») peut être sondée en mesurant le décalage vers le rouge relatif de la RPSL $\Delta\lambda/\lambda$, avec λ la longueur d'onde de RPSL correspondant à une nanoparticule individuelle, $\Delta\lambda$ le décalage spectral entre la longueur d'onde de RPSL de nanoparticules couplées et celle de la

3.3 Etude du confinement du champ électromagnétique local

nanoparticule individuelle. $\Delta\lambda/\lambda$ représentée en fonction de la séparation entre les nanoparticules est une grandeur qui décroît typiquement exponentiellement lorsque la séparation augmente [32].

Afin de caractériser plus précisément l'évolution de l'efficacité de couplage, la référence [32] suggère le modèle exponentiel simple suivant afin de représenter les courbes de tendance :

$$\frac{\Delta\lambda}{\lambda} = A exp\left(\frac{-Gx}{L\tau}\right) \qquad (6)$$

où, τ représente la *constante de couplage des nanoparticules* caractéristique de la longueur de décroissance du couplage et A est un facteur de proportionnalité.

En déconvoluant les données expérimentales avec ce modèle, la constante de de couplage τ peut être extraite. Ce paramètre donne une information directe sur le degré de confinement des champs locaux (plus τ est petit, plus le confinement est grand). La constante de couplage τ est indépendante de la taille de la nanostructure ; elle donne donc une information intrinsèque au processus de couplage en s'affranchissant de la taille de la nanostructure. On peut donc supposer que pour une même forme de nanoparticule (même rapport d'aspect dans les trois directions), τ sera constant et ne dépendra pas des dimensions dans les trois directions. Plusieurs valeurs de τ en fonction du rapport d'aspect de dimères de nanobâtonnets couplés ont été trouvées de manière théorique [32] mais peu d'expériences ont été réalisées pour mesurer cette valeur. Les calculs montrent que le couplage électromagnétique en champ proche est fortement dépendant de la séparation entre les deux nanoparticules individuelles et qu'il peut fortement varier si la séparation évolue de quelques Angström seulement.

Très peu d'études ont été réalisées dans le but de mesurer le couplage champ proche de nanoparticules métalliques par DRES sur des nanostructures contrôlées [33,34]. Bien que beaucoup d'investigations soient menées sur les propriétés de la RPSL sur des nanostructures couplées, aucune étude DRES n'a été réalisée sur des substrats créés par LFE depuis la référence [34].

Pourtant, la DRES, tout comme la PEDP, donne accès aux caractéristiques du champ proche électromagnétique dans la mesure où les molécules adsorbées agissent comme des sondes de l'amplitude du champ électromagnétique à proximité de la surface du métal. Des études ont été réalisées en utilisant des nanoparticules colloïdales en solution dans lesquelles, cependant, il est difficile de mesurer précisément l'influence d'un tel couplage champ proche sur l'intensité DRES. Cela est dû au fait qu'aucun contrôle précis de la forme des nanoparticules ainsi que de la séparation entre elles n'est possible. L'utilisation de la LFE s'avère ici particulièrement adapté pour cette étude par un contrôle précis de la géométrie des nanoparticules. Dans les références [33,34], des expériences ont été réalisées sur des réseaux de nanoparticules d'argent de différentes formes (cylindres, triangles et carrés) après un dépôt de rhodamine 6G ou de thiophénol sur un autre (molécules sondes). Les auteurs montrent que la diminution de la séparation entre les nanoparticules de 500 nm à 70 nm induit une augmentation de l'intensité DRES d'un facteur 15 pour la rhodamine 6G et d'un facteur 60 pour le thiophénol. Ils indiquent également que l'intensité DRES est inversement proportionnelle à la puissance 6 de la séparation. D'autre part, on remarque que l'effet de couplage sur l'intensité DRES à mesure que la séparation est réduite commence dès 400 nm de séparation pour la rhodamine 6G et 200 nm pour le thiophénol. Enfin, aucun effet de la forme des nanoparticules sur l'efficacité de couplage.

Notre démarche est donc la suivante : nous souhaitons étudier le confinement du champ électromagnétique local dans le cas du couplage progressif de nanoparticules d'or (variation graduelle des séparations entre les nanoparticules) de différentes formes (cylindres et nanobâtonnets), dans différentes configurations géométriques (dimères et chaines) et de différentes tailles (variation des rapports d'aspect). Une double étude est ainsi menée :

(i) en champ lointain par l'observation de l'évolution des propriétés optiques de ces nanoparticules à mesure que leur séparation diminue (évolution des positions des RPSL, « efficacité de couplage ») ;

(ii) en champ proche par le dépôt de molécules sonde afin de corroborer les résultats en champ lointain et d'estimer également l'évolution du facteur d'exaltation par couplage.

3.3.2 Description succincte des échantillons étudiés

Notre étude se porte sur des dimères et des chaines de nanoparticules d'or. Deux échantillons ont été utilisés, l'un composé de réseaux de dimères de nanocylindres et l'autre de réseaux de dimères de nanobâtonnets déposés sur un substrat de CaF$_2$ par LFE (voir annexe A). Ce substrat a été choisi dans la mesure où il permet également des mesures de DRES [35]. Différentes zones d'une surface de 50x50 µm^2 chacune contiennent les réseaux de nanoparticules de taille et de séparation fixée. Pour les nanobâtonnets les longueurs L sont 100 nm, 200 nm, 300 nm, 400 nm, 500 nm, 700 nm et 900 nm. Les séparations Gx entre chaque nanobâtonnets individuels et selon le grand axe sont 200 nm, 150 nm, 100 nm, 75 nm, 50 nm, 40 nm, 30 nm, 20 nm et 10 nm. La largeur l et l'épaisseur h de chaque nanoparticule est fixé à 60 nm. Un total de 63 zones compose donc cet échantillon. Le même principe de répartition s'applique pour les rangées de dimères de nanocylindres avec cette fois-ci des diamètres D de 130 nm, 160 nm et 180 nm.

Leur épaisseur est identique à celle des nanobâtonnets. Enfin, l'espacement entre dimères selon les deux axes Λx et Λy du plan est fixé à 200 nm. La figure 3.3 montre des images MEB de différentes zones particulières de l'échantillon contenant des réseaux de dimères de nanobâtonnets.

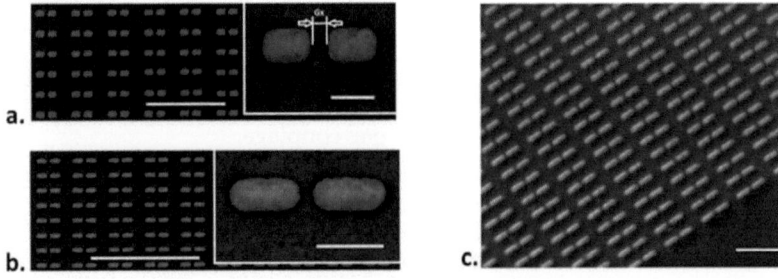

3.3 Etude du confinement du champ électromagnétique local

Figure 3.3 – *a. et b. sont respectivement des images MEB de réseaux de dimères de nanobâtonnets de longueur L égale à 100 nm et 200 nm (les échelles ont des longueurs respectives de 1 µm et 2 µm). Les inserts des figures a. et b. représentent un dimère individuel avec des barres d'échelle de longueur respective de 100 nm et 200 nm. La séparation Gx est indiquée dans l'insert de la figure a. La figure c. est une image inclinée des rangées de nanobâtonnets de longueur L=200 nm (la longueur de la barre d'échelle est de 1 µm).*

La figure 3.4 permet d'avoir un aperçu général des échantillons étudiés :

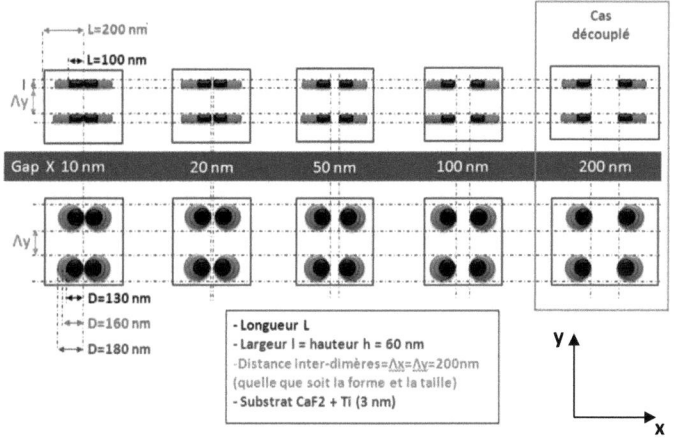

Figure 3.4 – *Représentation schématique et caractéristique des échantillons étudiés en configuration dimère. La superposition des nanoparticules n'est pas réelle et n'est faite ici que par souci de synthèse. Les séparations Gx=40, 75 et 150 nm ne sont volontairement pas représentées pour plus de clareté.*

Nous allons ainsi pouvoir étudier l'évolution des propriétés optiques et de l'exaltation du champ local influencées par :

- la séparation Gx entre nanoparticules ;

- leur taille ;

- leur forme (changement des rapports d'aspects $R_l=L/l$ et $R_h=R/h$) ;

- la longueur d'onde d'excitation : 632.8 nm et 785 nm.

3.3.3 Observation champ lointain : extinction

3.3.3.1 Etude dans le cadre du premier ordre de RPSL

Il s'agit ici dans un premier temps d'observer les propriétés optiques de réseaux de nanoparticules dont les tailles choisies limitent l'étude au cas dipolaire. Ainsi, dans cette section, tous les diamètres de nanocylindres présentés dans la section précédente seront étudiés mais seuls les nanobâtonnets de longueur L=100 et 200 nm seront traités.

Notre étude débute par le cas des nanocylindres en configuration dimère. La figure 3.5a,b résume le comportement de la position de la RPSL des nanocylindres lorsque la séparation est réduite de 200 nm à 10 nm. Dans le cas d'une polarisation incidente parallèle à l'axe de couplage des nanocylindres (figure 3.5a), la position de la RPSL est décalée vers le rouge pour les trois diamètres étudiés.

3.3 Etude du confinement du champ électromagnétique local

Cependant, dans le cas d'une polarisation incidente perpendiculaire à l'axe de couplage (figure 3.5b), la position de la RPSL est tout d'abord décalée vers le bleu jusqu'à une séparation Gx de 50 nm puis se décale vers le rouge pour de plus petites séparations. Nous n'avons pas d'explication concernant ce phénomène.

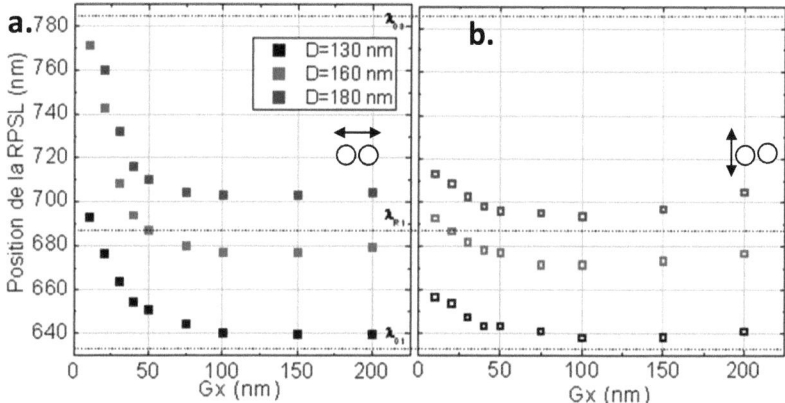

Figure 3.5 – *L'évolution de la position de RPSL lorsque la séparation entre les nanocylindres en configuration dimère varie est représentée respectivement en figure a. pour une polarisation incidente parallèle (carrés pleins) et b. perpendiculaire (carrés vides) à l'axe de couplage. Les points de couleur bleue, vert et violet représentent respectivement les nanocylindres de diamètre D=130, 160 et 180 nm.*

Après avoir observé le comportement des dimères, nous avons souhaité observer la configuration en chaine. Ainsi, dans cette configuration géométrique, l'évolution de la position de la RPSL suit la même tendance que pour la configuration en dimère dans le cas d'une polarisation suivant l'axe de couplage (décalage vers le rouge) (figure 3.6a). En revanche, le décalage vers le bleu pour une polarisation perpendiculaire (figure 3.6b) est cette fois-ci continue et ce, quel que soit le diamètre des nanocylindres.

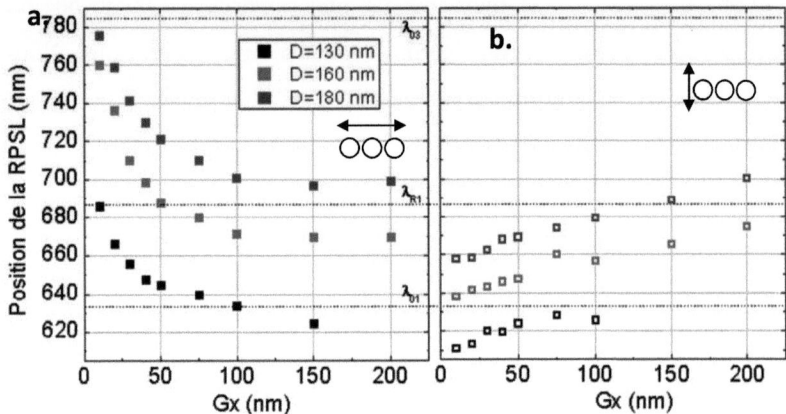

Figure 3.6 – *L'évolution de la position de RPSL lorsque la séparation entre les nanocylindres en configuration chaine varie est représentée respectivement en figure a. pour une polarisation incidente parallèle (carrés pleins) et b. perpendiculaire (carrés vides) à l'axe de couplage. Les points de couleur bleue, vert et violet représentent respectivement les nanocylindres de diamètre D=130, 160 et 180 nm.*

Dans le cas des nanobâtonnets et pour une polarisation incidente parallèle à leur grand axe (figure 3.7a et c carrés pleins), la position de la RPSL se décale vers le rouge tout comme dans le cas des nanocylindres. Elle se décale vers le bleu dans le cas d'une polarisation incidente selon le petit axe des nanobâtonnets (figure 3.7b et c carrés vides). La figure 3.7c montre que ce comportement est identique lorsque la longueur des nanobâtonnets est portée à 200 nm.

3.3 Etude du confinement du champ électromagnétique local

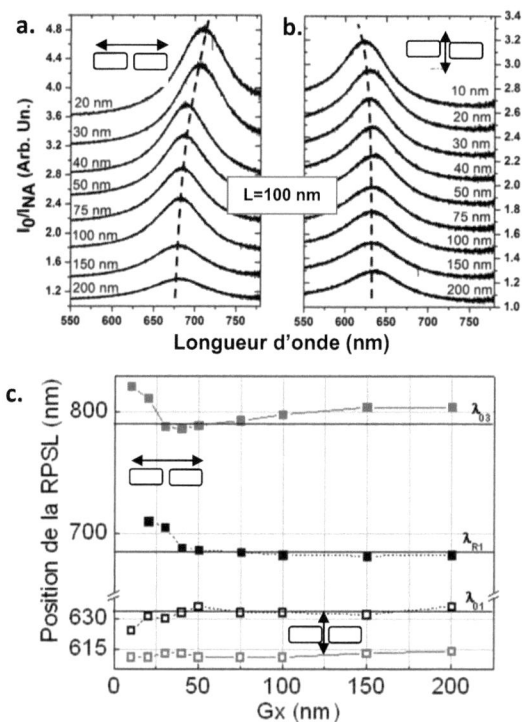

Figure 3.7 – *Exemples de spectres d'extinction pour les nanobâtonnets de longueur L =100 nm et pour une polarisation du rayonnement incident a. parallèle et b. perpendiculaire au grand axe des nanoparticules. Ces deux graphes montrent l'évolution de la position de RPSL lorsque la séparation entre les nanobâtonnets décroit (lecture de bas en haut). Les pointillets sont représentés pour faciliter la lecture. L'évolution de la position de RPSL lorsque la séparation entre les nanobâtonnets varie est représentée en figure c. pour une polarisation incidente parallèle (carrés pleins) et perpendiculaire (carré vides) au grand axe des nanoparticules. Les points de couleur noire représentent les nanobâtonnets de longueur L=100 nm et ceux de couleur rouge représentent les nanobâtonnets de longueur L=200 nm.*

Mis à part le cas des nanocylindres en configuration dimère et pour une polarisation perpendiculaire à l'axe de couplage, les comportements décrits sont typiques du couplage de nanoparticules métalliques [25]. Les décalages spectraux des RPSL observés, pour chaque direction de polarisation, peuvent être expliqués par la compétition entre les forces de restauration dans chaque nanoparticule (visant à ramener les électrons qui se déplacent sous l'action du rayonnement incident à leur position d'origine) et les forces de couplage résidant dans l'ensemble du dimère. On remarque cependant que, contrairement aux nanobâtonnets de longueur L=100 nm pour lequel le décalage vers le rouge est continu, un décalage vers le bleu est tout d'abord observé pour les nanobâtonnets de longueur L=200 nm lorsque la séparation est réduite de 200 nm à 50 nm. Cela est suivi par un décalage vers le rouge pour de plus faibles séparations menant ainsi à un comportement global oscillant. Ce dernier a déjà été prédit par J. Aizpurua *et al* et peut être expliqué par un couplage de type champ lointain pour les plus grandes séparations [25].

La figure 3.8a représente l'évolution de l'efficacité de couplage $\Delta\lambda/\lambda$ en fonction du rapport Gx/D entre la séparation et le diamètre des nanocylindres. Une forte augmentation de l'efficacité de couplage est ainsi observée à partir d'un rapport Gx/D particulier. De même, cette augmentation subite ne se produit par pour le même rapport : cela commence pour une séparation de 100 nm pour D=130 nm. Cette séparation diminue ensuite graduellement avec l'augmentation du diamètre des nanocylindres à savoir 80 nm pour D=160nm et 70 nm pour D=180 nm.

3.3 Etude du confinement du champ électromagnétique local

La vitesse d'évolution de l'efficacité de couplage augmente quant à elle de plus en plus rapidement à mesure que le diamètre des nanocylindres augmente.

Ces observations montrent clairement la présence d'un couplage champ proche entre les nanocylindres et que ce couplage dépend de leur rapport d'aspect R_h (ici $R_l=1$).

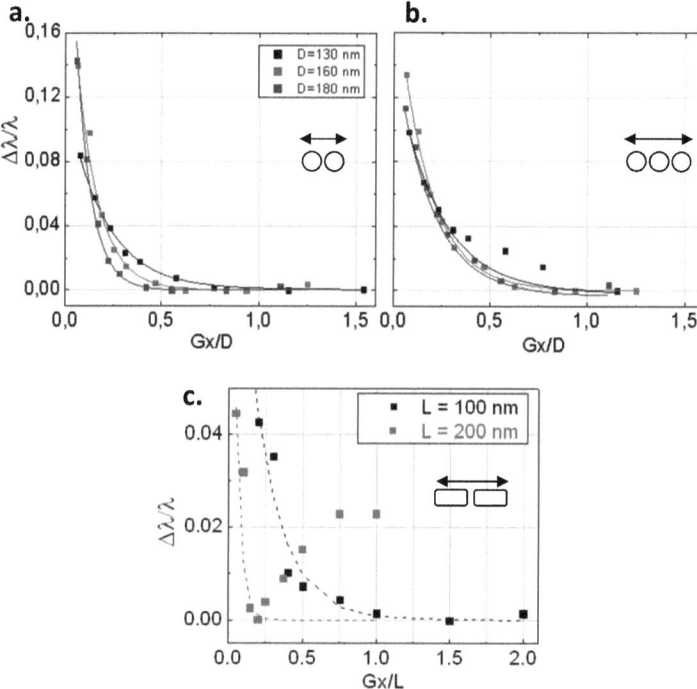

Figure 3.8 – *Variation de l'efficacité de couplage en fonction du rapport de la séparation sur a. le diamètre nanocylindres en dimères, b. le diamètre de nanocylindres en chaines et c. la longueur des nanobâtonnets en dimères pour une polarisation selon leur grand axe. Les courbes de tendances ont été réalisées à partir du modèle présenté en équation (6).*

En revanche, l'efficacité de couplage dans le cas des chaines de nanocylindres (figure 3.8b), même si elle augmente graduellement lorsque la séparation diminue, ne permet pas de distinguer aussi clairement que dans le cas des dimères un effet dû au diamètre des nanocylindres.

La figure 3.8c représente l'évolution de l'efficacité de couplage $\Delta\lambda/\lambda$ en fonction du rapport Gx/L entre la séparation et la longueur des nanobâtonnets. Tout comme dans le cas des nanocylindres, une forte augmentation de l'efficacité de couplage est ainsi observée à partir d'un rapport Gx/L particulier. En effet, cette augmentation subite ne se produit par pour le même rapport : cela commence pour une séparation de 100 nm pour L=100 nm et pour une séparation de 40 nm pour L=200 nm. On remarque également que la vitesse de variation est plus importante pour L= 200 nm que pour L= 100 nm. Ces observations montrent clairement la présence d'un couplage champ proche entre les nanobâtonnets et que le couplage dépend de leur rapport d'aspect R_l.

Pour chaque configuration géométrique présentée précédemment, nous déconvoluons les points expérimentaux (figure 3.8) en utilisant le modèle présenté en équation (6). Les paramètres géométriques ainsi que les valeurs caractéristiques de l'efficacité de couplage sont représentées dans le tableau suivant :

3.3 Etude du confinement du champ électromagnétique local

Nanocylindres en dimère					
D (nm)	h (nm)	R_l	R_h	τ	$l_d = D\,\tau$
180	60	1	3	0.08	14 nm
160	60	1	2.67	0.12	19 nm
130	60	1	2.17	0.20	26 nm

Nanobâtonnets en dimère					
L (nm)	l=h (nm)	$R_l = R_h$		τ	$l_d = L\,\tau$
200	60	3.33		0.04	8 nm
100	60	1.67		0.20	20 nm
sphère D=150		1		0.37	55 nm

Nanocylindres en chaine					
D (nm)	h (nm)	R_l	R_h	τ	$l_d = D\,\tau$
180	60	1	3	0.19	34 nm
160	60	1	2.67	0.17	27 nm
130	60	1	2.17	0.27	35 nm

Tableau 3.1 – *Valeurs des constantes de couplages ainsi que des longueurs de décroissance pour les cas de dimères de nanocylindres et de nanobâtonnets ainsi que des chaines de nanocylindres en fonction de leurs rapports d'aspects.*

Dans le cas de dimères de nanocylindres, il est évident que le paramètre R_l n'est pas pertinent (toujours égal à 1 pour un cylindre). En revanche, il semble que l'évolution de la constante de couplage soit due au paramètre R_h. On s'aperçoit en effet, que la constante de couplage augmente lorsque R_h diminue (c'est-à-dire, soit le diamètre diminue pour une hauteur fixée, soit l'épaisseur augmente pour un diamètre fixé) (tableau 3.1). La courbe de tendance représentée sur la figure 3.9a (axe de gauche) semble, dans ce cas précis des nanocylindres, être linéaire (pente de -0.15 et ordonnée à l'origine de 0.51). En d'autres termes, *une augmentation du diamètre ou une diminution de la hauteur d'un nanocylindre induit une diminution linéaire de la constante de couplage.* En extrapolant la courbe représentant τ en fonction de R_h sur la figure 3.9a, on s'aperçoit que pour un cylindre de diamètre 60 nm ($R_h=R_l=1$), τ vaut 0.36 et est très proche du cas de sphères étudiées dans la référence [33] (D=150 nm, $R_h=R_l=1$) présentée dans le tableau 3.1 pour les nanobâtonnets en dimère.

En définissant $l_d = D\tau$ comme la *longueur de décroissance de l'amplitude du champ électromagnétique*, les valeurs pour les nanocylindres de diamètre D=130 nm, 160 nm et 180 nm sont respectivement de 26 nm, 19.2 nm et 14.4 nm (figure 3.9a, axe de droite). En revanche, la valeur extrapolée correspondant à des nanocylindres de diamètre 60 nm donne l_d=22.5 nm. Il semblerait donc qu'en réduisant le rapport d'aspect des nanocylindres, on stabilise les valeurs de l_d autour de 20-25 nm.

Pour le cas des nanobâtonnets, nous avons complété la figure avec un troisième point issu de l'extrapolation précédente (nanocylindres de diamètre D=60 nm) pour le rapport d'aspect $R_l=R_h=1$. Toujours d'après le tableau 3.1, il apparaît clairement que la constante de couplage augmente lorsque $R_l=R_h$ diminue.

3.3 Etude du confinement du champ électromagnétique local

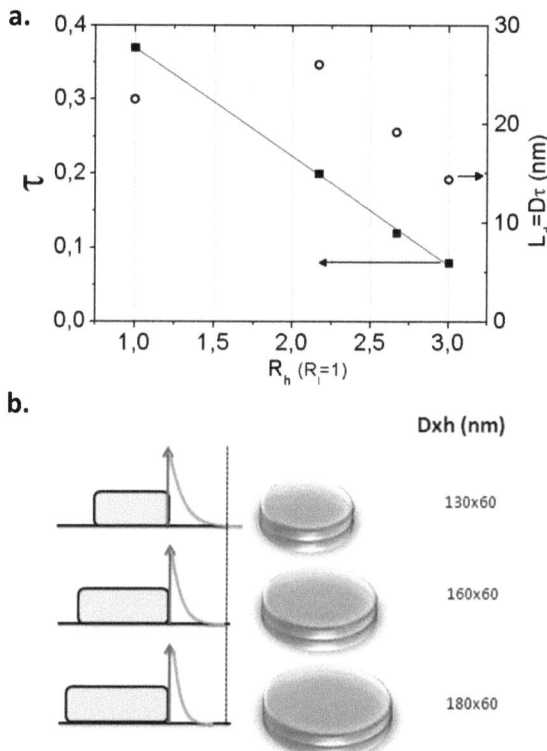

Figure 3.9 – *a. Evolution de τ (carrés noirs, lecture sur l'axe des ordonnées de gauche) et de l_d (ronds blancs, lecture sur l'axe des ordonnées de droite) en fonction des rapports d'aspect R_l égale à R_h dans ce cas précis. b. Représentation schématique de l'amplitude du champ électromagnétique local dans le cas de nanocylindres de différents diamètres en raisonnant uniquement sur l_d et τ.(i.e. valeur arbitrairement fixe sur l'axe des ordonnées).Le trait pointillé noir vertical est indicatif et fixé à une distance de 20 nm par rapport à la surface.*

Une courbe de tendance exponentielle de type :

$$\tau = \tau_0 exp\left(\frac{-R_l}{R_{l0}}\right) \quad (7)$$

semble pouvoir s'appliquer aux données expérimentales de la figure 3.10a dans le cas des nanobâtonnets et donne τ_0=0.89 et R_{l0}=1.20 là où elle était linéaire dans le cas des nanocylindres.

Afin de conforter l'utilisation de l'extrapolation précédente, nous avons également choisi de faire référence à une autre mesure concernant une sphère afin d'avoir des rapports d'aspect égaux entre eux et égaux à 1 (troisième ligne du tableau 3.1, [33]). Cela concerne une sphère de diamètre D=150 nm et pour laquelle les auteurs ont mesuré une constante de couplage de 0.37 rendant ainsi cohérente la valeur trouvée pour D=60 nm.

Ainsi, *une augmentation de la longueur ou une diminution de la largeur d'un nanobâtonnet induit une diminution exponentielle de la constante de couplage.*

Remarque : Nous supposons que, dans le cas des sphères, le confinement du champ est moins brutal que dans le cas de géométriques « tronquées selon un plan de l'espace» comme le cas des cylindres ou des bâtonnets. Dans ce cas, on peut estimer que la variation de τ lors d'un changement de rayon d'une sphère est beaucoup moins importante que dans le cas de nanocylindre ou de nanobâtonnets.

3.3 Etude du confinement du champ électromagnétique local

En définissant $l_d = L\tau$, on obtient des valeurs de 22.5 nm, 20 nm et 8 nm, respectivement, pour un nanocylindre de diamètre D=60 nm et les nanobâtonnets de longueur L= 100 nm et 200 nm (représentées sur la figure 3.10a).

Ces résultats supposent de la même manière que pour les nanocylindres qu'en réduisant le rapport d'aspect des nanocylindres, on stabilise les valeurs de l_d autour de 20-25 nm. Cela semble de toute façon cohérent dans la mesure où que ce soit pour un nanocylindre, un nanobâtonnet ou une sphère de même rapport d'aspect 1, les rayons de courbures des nanoparticules doivent être identiques.

Le couplage entre deux nanobâtonnets sera donc atteint pour des séparations de plus en plus petites dès lors qu'on augmentera leur rapport d'aspect. Par exemple, pour un nanobâtonnet de longueur L=200 nm et de largeur l=60 nm, c'est-à-dire, de rayon de courbure de 30 nm, la portée du champ local n'est que de quelques nanomètres (8 nm). Cela est bien plus faible que le rayon de courbure des extrémités de la nanoparticule.

Finalement, plus le rapport d'aspect R_h des nanocylindres est grand, plus l_d décroit. Par contre, il semble décroître moins rapidement que dans le cas des nanobâtonnets. Par conséquent, le couplage entre deux nanocylindres sera, certes, atteint pour des séparations de plus en plus petites dès lors qu'on augmentera leur rapport d'aspect tout comme dans le cas des nanobâtonnets. Par contre, à taille équivalente et séparation fixée, les nanocylindres se coupleront mieux que les nanobâtonnets.

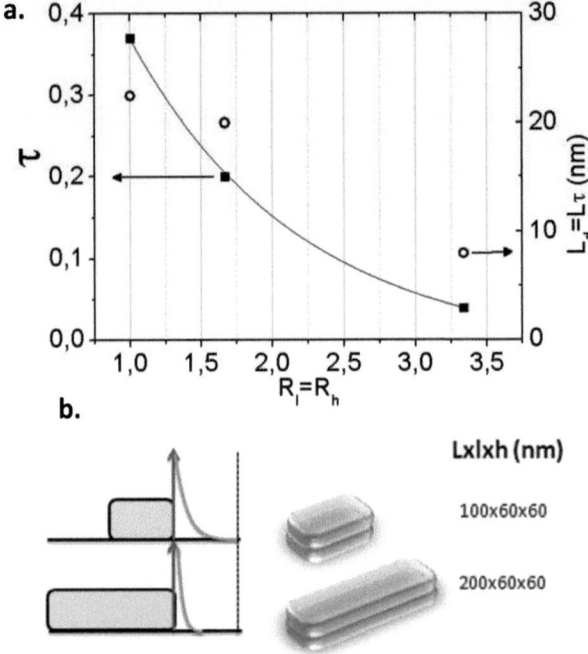

Figure 3.10 – a. Evolution de τ (carrés noirs, lecture sur l'axe des ordonnées de gauche) et de l_d (ronds blancs, lecture sur l'axe des ordonnées de droite) en fonction des rapports d'aspect R_l égale à R_h dans ce cas précis b. Représentation schématique de l'amplitude du champ électromagnétique local dans le cas de nanobâtonnets de différentes longeurs en raisonnant uniquement sur l_d et τ.(i.e. valeur arbitrairement fixe sur l'axe des ordonnées).Le trait pointillé noir vertical est indicatif et fixé à une distance de 20 nm par rapport à la surface.

Pour s'en convaincre, après avoir fait varier les tailles pour chaque forme, il est intéressant d'observer l'influence du changement de forme en fixant la taille.

3.3 Etude du confinement du champ électromagnétique local

La figure 3.11 compare ainsi les évolutions des efficacités de couplage de nanobâtonnets et de nanocylindres en dimères pour une taille approximative (L ou D) de 200 nm. On s'aperçoit que la constante de couplage pour une forme allongée est plus faible que pour une forme cylindrique ($\tau=$ 0.04 et 0.08 respectivement). Augmenter la taille D d'un nanocylindre en fixant les autres paramètres revient à confiner le champ par la hauteur de la nanostructure tandis qu'une augmentation de la taille L d'un nanobâtonnet revient également à confiner le champ sur la hauteur mais également sur la largeur réduisant ainsi le rayon de courbure aux extrémités et confinant davantage le champ local.

Nous allons enfin comparer les dispositions en dimères et en chaines pour des tailles équivalentes (D ou L proches de 200 nm). La figure 3.12 montre une augmentation de la constante de couplage par le passage d'une forme allongée en dimère à une forme cylindrique dimère comme nous venons de le voir. Or, on constate que la mise en place de la configuration en chaine de nanocylindres augmente encore la constante de couplage ($0.17<\tau<0.23$).

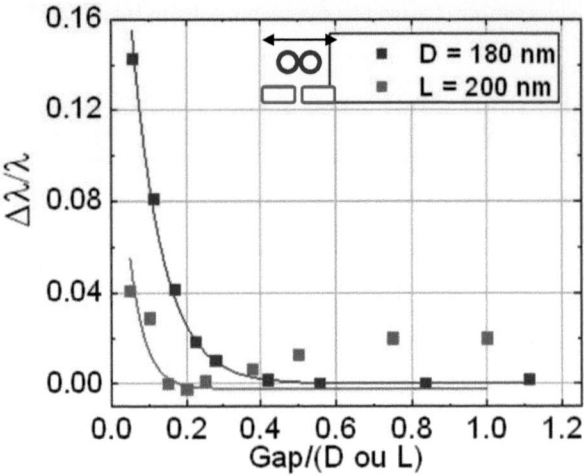

Figure 3.11 – *Comparaison de l'évolution des efficacités de couplage entre des réseaux de dimères de nanocylindres (carrés violets) et de nanobâtonnets (carrés rouges) dont les tailles sont proches (respectivement D= 180 nm et L= 200 nm). Les courbes de tendances ont été réalisées à partir du même modèle que dans la figure 3.5.*

Autrement dit, le confinement du champ électromagnétique est moindre dans une configuration en chaine que dans une configuration en dimère. On peut comprendre cela en rappelant que dans le cadre d'un couplage champ proche, il est question de compétition entre les forces de restauration dans chaque nanoparticule et les forces de couplage inter-particule. Dans le cadre d'un dimère, le couplage d'une nanoparticule individuelle ne se fait qu'avec une seule autre nanoparticule, il n'y a qu'une seule zone inter-particule et l'énergie de couplage se concentre en cette zone. En revanche, dans le cadre d'une chaine, le couplage d'une nanoparticule individuelle se fait avec deux autres nanoparticules,

3.3 Etude du confinement du champ électromagnétique local

répartissant ainsi l'énergie de couplage sur deux zones inter-particule et, par extension, sur toute la chaine.

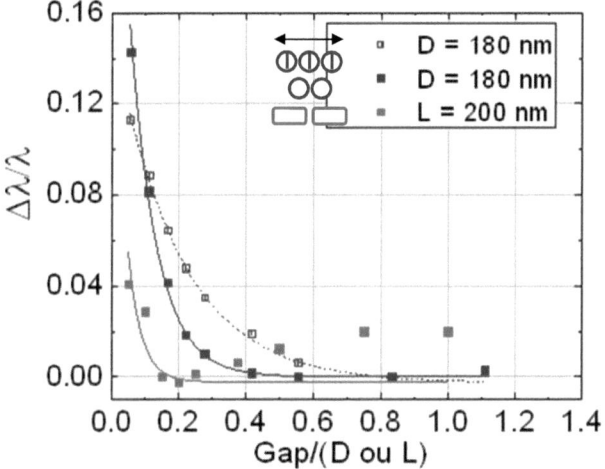

Figure 3.12 – *Comparaison de l'évolution des efficacités de couplage entre des réseaux de dimères de nanocylindres (points violets pleins), de dimères de nanobâtonnets (points rouges pleins) et de chaines de nanocylindres (points violets coupés) dont les tailles sont proches (respectivement D= 180 nm et L= 200 nm). Les courbes de tendances ont été réalisées à partir du même modèle présenté en équation (6).*

Par cette étude en champ lointain, on s'aperçoit qu'un couplage champ proche est, d'une part, atteignable pour des séparations plus grande pour les nanocylindres que pour les nanobâtonnets et encore plus pour les nanocylindres dans une configuration chaine et, d'autre part, que l'efficacité de couplage est bien meilleure en utilisant des nanocylindres. Pour rappel, l'idée initiale de l'utilisation de nanobâtonnets est de pouvoir bénéficier de l'effet de pointe induite par le rapport d'aspect de ce genre de nanostructure. On espère ainsi avoir un champ électromagnétique local important aux extrémités qui serait augmenté par le couplage champ proche de deux nanobâtonnets selon leur grand axe.

D'après le chapitre 1, plus le rapport d'aspect est grand, plus le champ électromagnétique créé aux extrémités est intense. Or, on s'aperçoit également que plus ce rapport d'aspect est grand, plus la portée de ce champ est faible. Ainsi, le couplage requière la fabrication de séparation entre nanobâtonnets extrêmement petites et difficilement atteignable technologiquement et reproductible). Si nous raisonnons en sens inverse, plus le rapport d'aspect est petit, plus la portée du champ électromagnétique est grande mais son intensité moindre. Néanmoins, les chances de couplages sont accrues dans la mesure où les séparations requises sont technologiquement plus facilement atteignable.

La question est ensuite de savoir si cette efficacité de couplage accrue promet une meilleure exaltation du champ électromagnétique. Rien n'est moins sûr dans la mesure où ce dont nous parlons ici concerne l_d, autrement dit, la « portée » du champ électromagnétique mais en aucun cas son amplitude (non prise en compte dans cette étude en champ lointain). C'est l'étude en champ proche (DRES) qui nous apportera la réponse.

3.3 Etude du confinement du champ électromagnétique local

3.3.3.2 Etude dans le cadre des ordres supérieurs de RPSL

Dans le chapitre 1, nous avons expliqué, qu'à partir d'une certaine taille de nanostructures, des ordres supérieurs de RPSL de plus haute énergie apparaissent et se superposent à l'ordre dipolaire. Dans le chapitre 2, nous avons remarqué que ces ordres supérieurs pouvaient contribuer de manière significative au signal DRES dans le cas de nanobâtonnets découplés. Nous allons donc, dans le cadre de cette section, décrire les propriétés optiques de nanobâtonnets de longueurs L=300, 400, 700 et 900 nm (de largeur et hauteur fixées à 60 nm) dans le cas où ceux-ci sont regroupés en dimère (chacun séparés de 200 nm dans les deux directions du plan) et lorsque la séparation Gx entre les deux nanobâtonnets est diminuée de 200 nm à 10 nm.

La figure 3.13 montre l'évolution des positions de la RPSL pour chacune des longueurs de nanobâtonnets étudiés en fonction de leur séparation Gx. Ces figurent montrent tout d'abord la présence d'ordres supérieurs de RPSL dans les échantillons observé. On s'aperçoit ensuite que la variation de la position des RPSL d'ordres supérieurs pour les nanobâtonnets de plus grande longueur est opposée à celle observée pour les résonances bipolaires. Dans ce dernier cas, on observe un décalage vers le rouge continu (L=100 nm) ou oscillant (L=200 nm) lorsque Gx diminue (figure 3.13a), il se trouve que les positions des RPSL d'ordre supérieur se décalent vers le bleu. Cela se fait de manière continue pour L=300 et 400 à l'ordre 3 (figure 3.13b). Pour tous les autres cas (figure 3.13c,d), on observe un premier décalage vers le bleu relativement faible suivit d'un léger décalage vers le rouge avant une variation rapide vers le bleu.

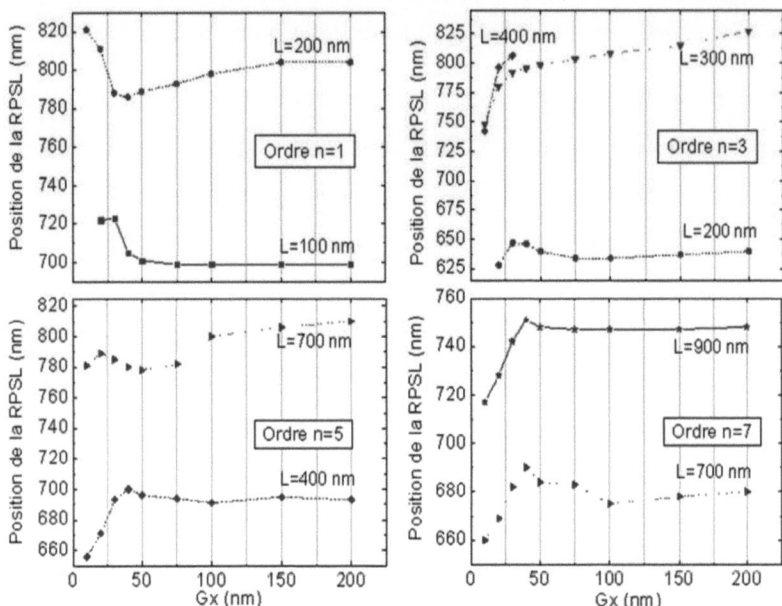

Figure 3.13 – *Evolution de la position de la RPSL dans le cadre du a. premier, b. troisième, c. cinquième et d. septième ordre pour des nanobâtonnets de longueur L= 100, 200, 300, 400, 700 et 900 nm en fonction de la séparation Gx entre nanobâtonnets.*

Tout d'abord, on peut supposer que les oscillations observées pour des séparations entre 50 nm et 200 nm soient dues au couplage champ lointain déjà observé pour les nanobâtonnets dans le cadre dipolaire. Le fait que la position de la RPSL tende systématiquement vers le bleu lorsque la séparation est réduite de 50 nm à 10 nm pour les RPSL d'ordre supérieur laisse entendre que la force de couplage exercée entre les nanobâtonnets ne vient pas perturber les forces de restaurations dans chaque nanobâtonnets en les amortissant comme dans le cas dipolaire. Au contraire, la force de couplage semble renforcer les forces de restauration.

3.3 Etude du confinement du champ électromagnétique local

Compte tenu de ce qui a été observé dans la section précédente, il n'est de toute façon ici pas question de couplage champ proche dans la mesure où nous avons vu qu'une augmentation du rapport d'aspect réduit la portée des champs locaux aux extrémités des nanobâtonnets. Par conséquent, on peut imaginer que la répartition des charges dans les cas d'ordres supérieurs est à l'origine de ce phénomène.

3.3.4 Observation en champ proche : DRES

L'objectif est ici de sonder directement le champ électromagnétique proche des nanoparticules métalliques en mesurant l'évolution du signal DRES de différentes molécules sondes adsorbées sur les nanoparticules lorsque les séparations sont diminuées et pour chacune des configurations géométriques vues précédemment. Nous pourrons ainsi comparer les tendances obtenues avec les résultats obtenus dans l'étude en champ lointain. Aussi, l'influence de la longueur d'onde d'excitation est également évaluée afin d'en analyser l'impact sur l'effet de couplage des nanoparticules. La section précédente nous a donné un ordre d'idée de la « portée » du champ électromagnétique. Il s'agit donc tout d'abord de confirmer les tendances observées mais également d'accéder à l'information donnant l'amplitude du champ électromagnétique et son évolution le long de l_d.

3.3.4.1 Etude dans le cadre du premier ordre de RPSL

- Cas des nanocylindres :

Deux longueurs d'onde d'excitation sont utilisées dans le cadre de l'étude des dimères de nanocylindres : 632.8 nm et 785 nm. Les échantillons sont immergés dans une solution de BPE (10^{-3} M).

Lorsque les nanocylindres sont excités à 785 nm et pour une polarisation orientée suivant leur grand axe, l'intensité DRES se comporte de la même manière que dans le cas des nanobâtonnets, i.e., elle augmente de manière exponentielle pour des séparations variant de 75 nm à 10 nm pour des diamètres de 180 nm, de 50 nm à 10 nm pour des diamètres de 160 nm et de 25 nm à 10 nm pour des diamètres de 130 nm (figure 3.14a). Pour chaque diamètre, on remarque comme un comportement oscillant lorsque la séparation diminue de 200 nm à 25 nm non observé en champ lointain. Cette oscillation ne peut *a priori* donc pas être expliquée par la variation de la position de la RPSL même si le comportement est similaire au cas des nanobâtonnets.

Il est intéressant de constater sur la figure 3.5a que toutes les positions de RPSL évoluent vers λ_{03}=785 nm ce qui permet de savoir si le couplage est influencé par une excitation « en résonance ». C'est ce qu'on pourrait penser dans un premier temps en observant la figure 3.14a. En effet, plus la séparation est petite plus la position de la RPSL pour chaque diamètre se rapproche de λ_{03}=785 et plus l'intensité de DRES augmente. Néanmoins, on remarque sur la figure 3.6a que les positions des RPSL des diamètres 160 nm et 180 nm pour une séparation de 10 nm sont superposées.

3.3 Etude du confinement du champ électromagnétique local

Pourtant, à position de la RPSL identique, l'intensité DRES est 3 fois plus grande pour D=180 nm que pour D=160 nm ce qui laisse sous-entendre que le phénomène de couplage est, encore une fois, indépendant des positions de RPSL mais qu'il est sensible au rapport d'aspect (ici R_h car $R_l=1$ dans les deux cas) des nanostructures. Ainsi, le premier constat est que plus le rapport d'aspect R_h de nanocylindres augmente, plus le couplage est efficace dans la mesure où l'amplitude du champ électromagnétique résultante semble est plus importante.

Dimères de nanocylindres

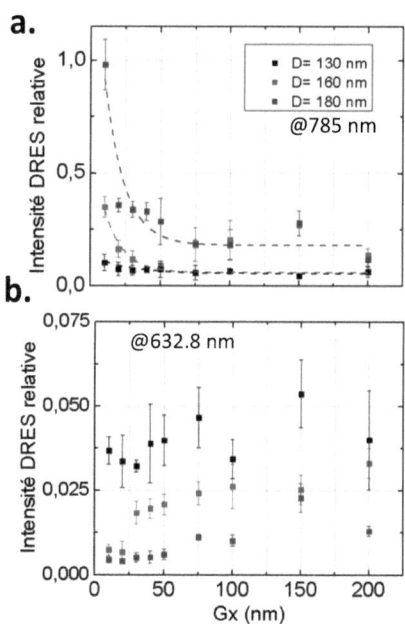

Figure 3.14 – *Evolution des intensités DRES relative en fonction de la séparation Gx entre dimères de nanocylindres. Les intensités sont directement comparables. Les nanocylindres de diamètres*

$D=130$ nm (carrés violets), 160 nm (carrés verts) et 130 nm (carrés noirs) sont représentés. Les longueurs d'onde excitatrices sont a. 785 nm et b. 632.8 nm. Les courbes de tendance exponentielles en a. montrent des longueurs de décroissance de champ de 25±4 nm pour $D=130$ nm, 15±3 nm pour $D=160$ nm et 14±4 nm pour $D=130$ nm.

Sur la figure 3.17a, on relève des longueurs de décroissance de 25±4 nm pour D=130 nm, 15±3 nm pour D=160 nm et 14±4 nm pour D=180 nm.

Par conséquent, le deuxième constat est que plus le rapport d'aspect R_h de nanocylindres augmente, plus la portée du champ proche diminue confirmant ainsi les expériences en champ lointain. *En d'autres termes, à volume identique de nanocylindre, un confinement de champ proche diminue sa portée mais augmente son amplitude.*

Si nous observons maintenant quel changement apporte la modification de longueur d'onde d'excitation (figure 3.14b : excitation à 632.8 nm), on s'aperçoit que celle-ci influence le confinement du champ proche. Un comportement totalement différent est effectivement observé par rapport à une excitation à 785 nm dans la mesure où aucune évolution exponentielle de l'intensité DRES n'est observée. Aussi, plus le diamètre des nanocylindres est petit, plus l'intensité DRES est faible. Ces observations laissent supposer que les champs électromagnétiques situés aux extrémités de chaque nanobâtonnets ne se recouvrent pas et qu'il n'y a donc pas de couplage pour cette longueur d'onde d'excitation et que leur diminution produit un confinement plus important du champ proche aux bords des nanocylindres.

3.3 Etude du confinement du champ électromagnétique local

Ainsi, les intensités DRES à 632.8 nm sont uniquement influencées par les positions de RPSL.

- Cas des nanobâtonnets :

Trois longueurs d'onde d'excitation sont utilisées dans le cadre de l'étude des dimères de nanobâtonnets : 632.8 nm, 660 nm et 785 nm afin d'être respectivement hors résonance et en résonance avec les nanobâtonnets de longueur L= 100 nm et 200 nm (figure 3.7a,b), polarisation parallèle au grand axe des nanobâtonnets). De la BPE et du bleu de méthylène (BM) sont déposés sur deux échantillons différents. Ces deux molécules sont utilisées ici pour leurs différentes propriétés physico-chimiques.

La BPE ne présente aucune absorption dans le domaine du visible/proche IR tandis que le MB a une forte résonance électronique autour de 620-670 nm [36,37] et peut ainsi potentiellement bénéficier de l'effet Raman résonnant (augmentation de la force du signal Raman lorsque la longueur d'onde d'excitation coïncide avec la résonance électronique). Les mesures utilisant du BM ont été réalisées au Consiglio Nazionale della Ricerca (CNR) par Cristiano D'Andrea et sous la direction de P. G. Gucciardi.

Lorsque les nanobâtonnets sont excités à 785 nm et pour une polarisation orientée suivant leur grand axe, l'intensité DRES augmente de manière exponentielle pour des séparations variant de 50 nm à 10 nm pour les deux longueurs (figure 3.15a et 3.16a,b). Pour les nanobâtonnets de longueur L= 200 nm, on remarque comme dans l'étude en champ lointain un comportement oscillant lorsque la séparation diminue de 200 nm à 50 nm.

Cette oscillation peut être expliquée par la variation de la position de la RPSL dans la mesure où aucun couplage champ proche n'existe pour ces séparations et nous avons vu au chapitre 2 que l'intensité DRES est fortement influencée par la position de la RPSL dans le cas de nanoparticules découplées. De plus, puisque les oscillations du signal DRES suivent celles de la position de RPSL, on peut estimer que les deux oscillations sont liées.

Cependant, l'évolution exponentielle du signal DRES pour des séparations inférieures à 50 nm est clairement liée au couplage en champ proche et à la création de points chauds. Cette augmentation ne peut pas être simplement expliquée par une variation de la position de la RPSL dans la mesure où le décalage spectral observé est soit trop éloigné de la longueur d'onde d'excitation (dans le cas de nanobâtonnets de longueur L=100 nm) ou trop faible comparé à l'augmentation du signal (pour L=200 nm). Ainsi, il semblerait que l'intensité de DRES ne soit plus sensible aux variations de position de la RPSL dans le cas d'un régime couplé et que la formation de point chaud se fasse pour des séparations inférieures à 50 nm.

De plus, on remarque que les intensités DRES dans les points chauds pour des nanobâtonnets de longueur L=200 nm (R_l=R_h=3.33) sont dix fois plus faibles que celles mesurées pour L=100 nm (R_l=R_h=1.67). Le couplage semble être donc moins efficace lorsque le rapport d'aspect augmente et le point chaud est moins intense. Cette observation peut être expliquée par la diminution de la longueur de décroissance l_d et donc par un confinement plus fort du champ proche aux extrémités des nanobâtonnets. Cela rejoint l'observation faite dans le cas de l'étude en champ lointain.

3.3 Etude du confinement du champ électromagnétique local

Pour les nanobâtonnets de longueur L=100 nm, le signal DRES commence à augmenter fortement pour des séparations inférieures à 30 nm, indiquant que le couplage champ proche débute pour cette distance, c'est-à-dire, lorsque qu'il y a recouvrement des champs aux extrémités des nanobâtonnets. Cela implique que le confinement du champ proche est la moitié de cette distance, soit environ 15 nm, ce qui est en accord avec la longueur de décroissance mesurée en champ lointain (20 nm) et avec les mesures DRES représentées en figure 3.15a pour la BPE et en figure 3.16a pour le BM. Pour les deux molécules utilisées, la longueur de décroissance et le comportement sont identiques. En effet, pour L=100 nm une longueur de décroissance de 12 nm est trouvée et un confinement plus important est observé dans les deux cas pour les nanobâtonnets de longueur L=200 nm aboutissant à une longueur de décroissance autour de 5 nm. On s'aperçoit donc qu'un changement de molécule n'induit pas de différence spécifique confirmant ainsi la nature purement électromagnétique de l'effet de couplage. Si nous observons maintenant quel changement apporte la modification de longueur d'onde d'excitation (figure 3.15b : excitation à 660 nm et figure 3.15c : excitation à 632.8 nm), on s'aperçoit que celle-ci influence le confinement du champ proche. Un comportement totalement différent est effectivement observé par rapport à une excitation à 785 nm dans la mesure où aucune évolution exponentielle de l'intensité DRES n'est observée en réduisant la séparation entre les nanobâtonnets. L'évolution peut être qualifiée de plate (et même décroissante pour une excitation à 660 nm pour L=100 nm) même pour des séparations aussi petites que 10 nm.

Chapitre 3 : Confinement des plasmons de surface localisés dans une nanoantenne

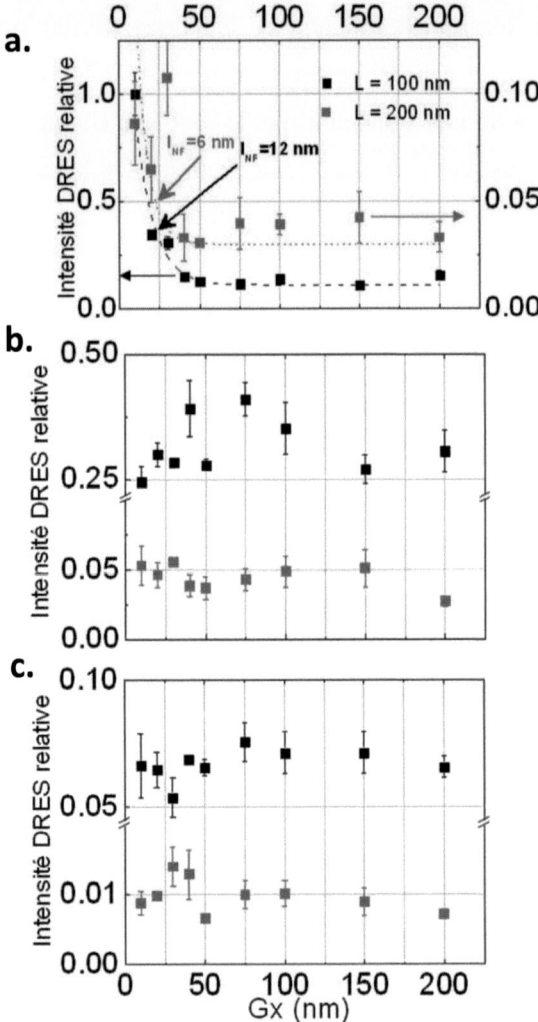

Figure 3.15 – *Intensité DRES de la bande à 1200 cm^{-1} de la BPE représentée en fonction de la séparation entre les nanobâtonnets. Ces intensités sont normalisées par rapport à l'intensité maximale détectée (@785 nm, L=100 nm et Gx=10 nm) et sont le résultat d'excitation à a. 785 nm, b. 660 nm et c. 632.8 nm. Les données*

3.3 Etude du confinement du champ électromagnétique local

noires représentent les nanobâtonnets de longueur L=100 nm et les rouges représentent ceux de 200 nm. Les courbes de tendance exponentielles en a..montrent des longueurs de décroissance de champ de 12±4 nm pour L=100 nm et 6±2 nm pour L=200 nm.

Aussi, l'intensité DRES pour des nanobâtonnets de longueur L= 200 nm est systématiquement un ordre de grandeur moins intense que pour ceux de longueur L=100 nm.

Une fois encore, ces observations sont indépendantes de la molécule étudiée (BPE ou BM, non représenté). La seule différence visible de l'utilisation de deux molécules différente est liée au signal plus intense du BM de deux ordres de grandeur par rapport à celui de la BPE du à l'effet Raman résonant. Toutes ces observations laissent supposer que les champs électromagnétiques situés aux extrémités de chaque nanobâtonnets ne se recouvrent pas et qu'il n'y a donc pas de couplage pour ces longueurs d'onde d'excitation.

Plus précisément, cela montre qu'une diminution de la longueur d'onde d'excitation produit un confinement plus important du champ proche aux extrémités des nanobâtonnets et que, par conséquent, une séparation plus faible que 10 nm serait nécessaire pour observer l'apparition de points chauds. Si nous nous basons sur la longueur de décroissance l_d mesurée à 785 nm, on peut aisément supposer que cette longueur pour une excitation à 660 nm ne sera que de quelques nanomètres et encore moins pour une excitation à 632.8 nm.

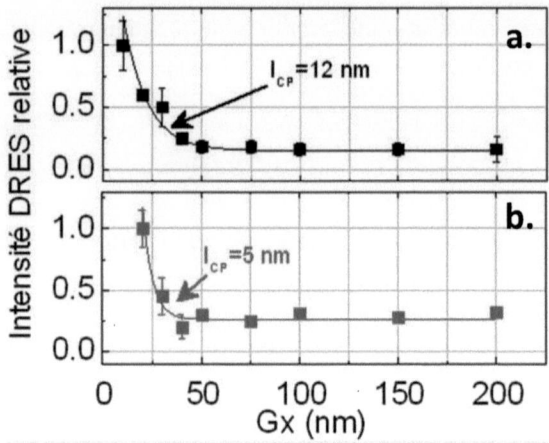

Figure 3.16 – *Intensité DRES de la bande à 445 cm-1 du spectre du BM excité à 785 nm en fonction de la séparation entre les nanobâtonnets de longueur a. L=100 nm (carrés noirs) et b. L=200 nm. Les données sont normalisées par rapport au maximum d'intensité dans chaque cas. Les courbes de tendance exponentielles montrent des longueurs de décroissance de champ de a. 12±4 nm et b. 5±3 nm.*

Les résultats expérimentaux observés à 785 nm sont confirmés par des calculs basés sur l'analyse rigoureuse des ondes couplées (RCWA en anglais). Ils ont été réalisés à l'Instituto Italinao di Tecnologia (IIT) par R. Zaccaria sous la direction de E. Di Fabrizio. Comme le montre la figure 3.17a et 3.17b, elles montrent un excellent accord avec les données expérimentales. Pour les deux longueurs de nanobâtonnets, on retrouve l'évolution rapide de l'intensité DRES lorsque la séparation entre nanobâtonnets diminue. On s'aperçoit également qu'on retrouve une évolution plus abrupte pour les nanobâtonnets de longueur L=200 nm.

3.3 Etude du confinement du champ électromagnétique local

Ainsi, on retrouve que lorsque le rapport d'aspect augmente, l'intensité du champ proche varie plus rapidement confirmant le fait que le champ proche est davantage concentré proche des extrémités des nanobâtonnets.

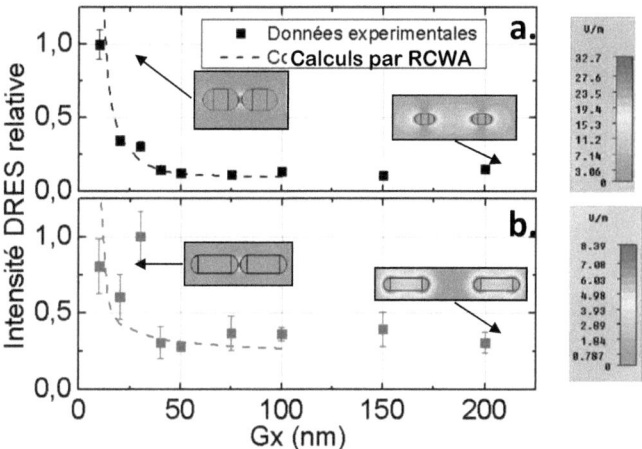

Figure 3.17 – *Comparaison de l'évolution de l'intensité DRES en fonction de la séparation Gx entre les données expérimentales (carrés) et les calculs par RCWA (lignes pointillées) pour une longueur d'onde d'excitation à 785 nm et pour des nanobâtonnets de longueur a. L= 100 nm et b. L= 200 nm. Les images insérées montrent les valeurs absolues du champ électrique dans le plan XY.*

La figure 3.18 montre que l'intensité DRES commence à augmenter pour une séparation autour de 40 nm pour une excitation à 785 nm. Cette même séparation est réduite à 20 nm pour une excitation à 660 nm et prend une valeur encore plus faible pour une excitation à 632.8 nm. De plus, pour ces deux dernières longueurs d'onde, l'augmentation du signal DRES observée est négligeable comparée à celle observée à 785 nm (à 660 nm et 632.8 nm, l'intensité DRES pour une séparation de 10 nm ne représente qu'1%

de l'intensité DRES observée à 785 nm). Cela confirme qu'aucune augmentation de l'intensité DRES liée à un quelconque effet de couplage ne peut être observée pour ces deux longueurs d'onde d'excitation. L'augmentation du signal DRES due à la formation de points chauds n'est pas suffisante pour dépasser le bruit de fond, i.e., le signal DRES produit par les molécules en dehors des points chauds). Néanmoins, la formation de points chauds sera observable à ces longueurs d'onde mais pour des séparations inférieures à 10 nm.

Sur la figure 3.18a, on remarque que pour des longueurs d'onde d'excitation à 660 nm et 632.8 nm, il faut fabriquer des dimères de nanobâtonnets dont la séparation est de seulement 4 nm pour atteindre une intensité DRES identique à celle atteinte à 785 nm pour une séparation de 10 nm. Le principe est similaire pour les nanobâtonnets de longueur L=200 nm (figure 3.18b). Le signal DRES est largement inférieur à celui atteint pour les nanobâtonnets de longueur L=100 nm et son augmentation due à la formation de points chauds n'est observée que pour des séparations bien plus faibles et d'autant plus faibles que la longueur d'onde d'excitation choisie décroît. On remarque également que l'intensité DRES à 660 nm est la moitié de celle calculée à 785 nm pour une séparation de 10 nm et qu'elle évolue subitement.

3.3 Etude du confinement du champ électromagnétique local

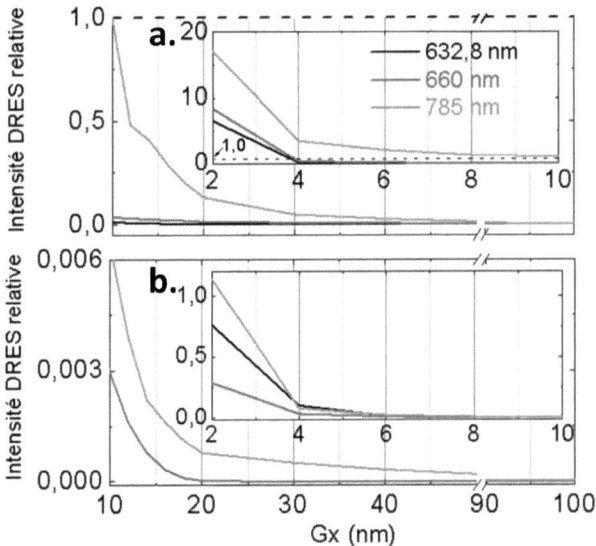

Figure 3.18 – *Représentation des simulations des intensités DRES relatives en fonction de la séparation entre les nanobâtonnets de longueur a. L= 100 nm et b. L= 200 nm et pour trois longueurs d'onde d'excitation : 785 nm (courbe verte), 660 nm (courbe rouge) et 632.8 nm (courbe noire). Les figures insérées dans chaque graphe agrandissent la zone de petites séparations (Gx de 2 à 10 nm). Les calculs ont été réalisés au centre de la séparation et non à l'extrémité d'un nanobâtonnet.*

Cette observation peut être liée aux données expérimentales (figures 15) où l'intensité DRES à 660 nm pour une séparation de 10 nm est effectivement la moitié de celle atteinte à 785 nm (I_{SERS}=0.01 à 785 nm et 0.005 à 660 nm). Cependant, ces intensités sont négligeables par rapport à celles observées pour des nanobâtonnets de longueur L=100 nm (moins d'1% du signal DRES atteint à 785 nm pour une séparation de 10 nm).

225

Pour devenir comparable (équivalent à 1), la séparation entre nanobâtonnets de longueur L=200 nm doit être réduite à 2 nm pour une excitation à 785 nm et encore moins pour des longueurs d'onde inférieures.

Ces résultats montrent clairement que le champ proche électromagnétique est extrêmement confiné aux extrémités des nanobâtonnets. Ce confinement dépend du rapport d'aspect des nanostructures et de la longueur d'onde d'excitation choisie. Si on souhaite atteindre des couplages efficaces et créer des points chauds, il devient nécessaire d'atteindre des séparations de quelques nanomètres excepté pour une excitation proche de l'infrarouge. Néanmoins, tout cela montre que pour des longueurs d'onde plus faibles et dans le cadre de fabrication de nanostructures de géométrie contrôlée, il est nécessaire de posséder une technologie de fabrication extrêmement précise permettant d'atteindre de petites séparations (<10 nm) de manière reproductible.

Le tableau 3.2 donne un ordre d'idée des facteurs d'exaltation moyens atteints pour les deux longueurs de nanobâtonnets dans les cas non couplés (Gx=200 nm) et couplés (Gx=10 nm). Le couplage de nanobâtonnets de longueur L=100 nm selon leur grand axe permet ainsi *un gain d'un ordre de grandeur* ($\approx 3.10^6$) par rapport au cas découplé ($\approx 3.10^5$) là où un gain proche de 3 est relevé pour des nanobâtonnets de longueur L=200 nm.

Si nous faisons un lien rapide avec les résultats obtenus pour les nanobâtonnets non couplés étudiés dans la section 2.2.2 de ce manuscrit, on remarque par exemple que le rapport d'aspect des nanobâtonnets de dimension L=100 nm et l=h=60 nm (Rl=Rh=

3.3 Etude du confinement du champ électromagnétique local

1.67) est plus faible que celui des nanobâtonnets de dimension L=160 nm et l=h=80 nm (Rl=Rh= 2). Pourtant, le facteur d'exaltation obtenu (71,4.10^5) est deux fois plus grand que celui du cas couplé des nanobâtonnets de plus petit rapport d'aspect. Cela va dans le sens inverse de ce que nous avons expliqué jusqu'à maintenant dans cette section.

Taille (Lxl) (nm)	100x60		200x60	
Polarisation	Grand axe		Grand axe	
$\lambda_{03}=785$ nm, $\lambda_{R3}=866$ nm				
Facteurs d'exaltation moyen (x10^5)	Gx=10 nm	Gx=200 nm	Gx=10 nm	Gx=200 nm
	30.4± 7.1	3.2± 0.4	19.2± 3.0	7.3± 1.1

Tableau 3.2 – *Facteurs d'exaltation moyens pour des rangées de nanobâtonnets de longueur L=100 nm et L=200 nm dans les cas couplés en dimère (Gx=10 nm) et non couplés (Gx=200 nm) pour une longueur d'onde d'excitation de 785 nm.*

Or, on se souvient que dans les cas découplés, l'intensité DRES optimale est obtenue dans le cas de nanobâtonnets et d'une excitation à 785 nm pour une position de la RPSL très proche de la longueur d'onde d'excitation. Pour les nanobâtonnets de rapport d'aspect 1.67 l'écart entre la position de la RPSL et la longueur d'onde Raman est de 90 nm là où elle n'est que de 4 nm pour les nanobâtonnets de rapport d'aspect 2. En considérant que l'effet de couplage est indépendant de l'effet de la position de la RPSL, on peut considérer que l'effet de couplage vient en addition.

Ainsi, on peut imaginer que le travail d'optimisation consiste à placer de manière optimale la longueur d'onde de la RPSL afin de gagner quoiqu'il arrive le gain du à l'effet de couplage.

Dans le cas que nous soulevons ici, le facteur d'exaltation plus faible pour un rapport d'aspect plus petit est expliqué par une position de la RPSL non optimisée pour les nanobâtonnets de longueur L=100 nm.

Sur la figure 3.19, les intensités DRES obtenues pour les dimères de nanocylindres sont comparées à celles obtenues pour les dimères de nanobâtonnets. Les intensités sont données pour un dimère et sont directement comparables (tous paramètres de mesure pris en compte). Cette confrontation directe montre que des nanocylindres de dimension DxhxGx=180x60x10 nm produisent une intensité DRES égale à des nanobâtonnets de dimension LxlxhxGx=100x60x60x10 nm. L'idée d'utiliser des nanobâtonnets pour exploiter leur effet de pointe n'est donc a priori pas forcément justifiée car pour une même intensité DRES obtenue, cela requière des nanostructures plus petites (plus difficile à reproduire). En tous les cas, le constat est que plus les rapports d'aspect R_l et R_h augmentent, plus le confinement du champ local est important ce qui se traduit par une portée du champ plus petite et une amplitude plus grande avec une évolution plus rapide le long de l_d.

Remarque : L'augmentation de l'intensité DRES (rendant compte de l'amplitude du champ local) lorsque R_l diminue n'a pas été constatée dans l'étude DRES des nanobâtonnets. Néanmoins, on peut supposer que le signal DRES pour les nanobâtonnets de longueur L=200 nm dépassera celui des nanobâtonnets de longueur

3.3 Etude du confinement du champ électromagnétique local

L=100 nm pour des séparations inférieures à 10 nm compte tenu de l'évolution très rapide du signal.

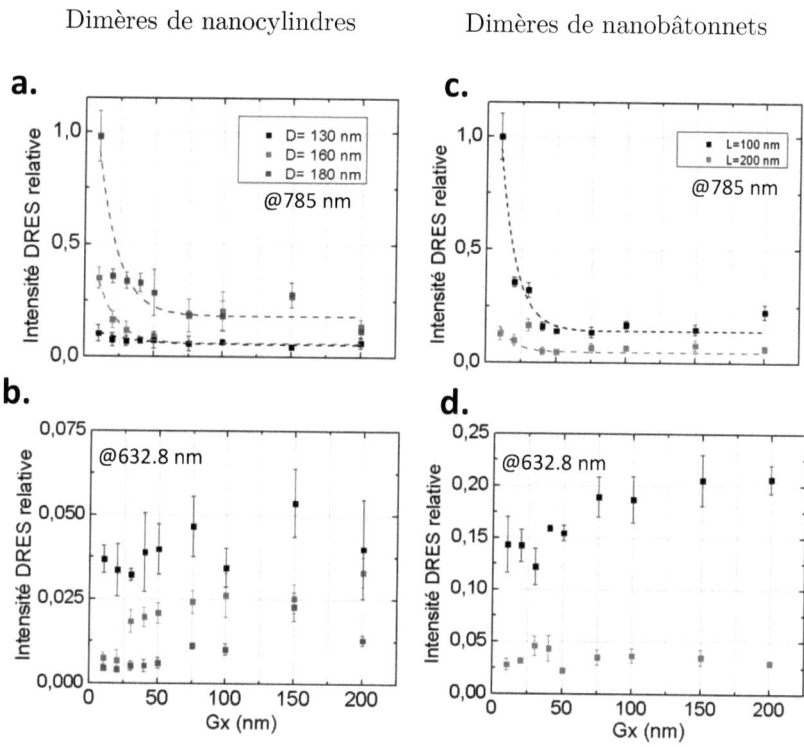

Figure 3.19 – *Evolution des intensité DRES relative en fonction de la séparation Gx entre dimères de nanocylindres (a,b) et de nanobâtonnets (c,d). Les intensités sont directement comparables. Les nanocylindres de diamètres D=130 nm (carrés violets), 160 nm (carrés verts) et 130 nm (carrés noirs) ainsi que les nanobâtonnets de longueur L=100 nm (carrés noirs à droite) et L= 200 nm (carrés rouges) sont représentés. Les longueurs d'onde excitatrices sont 785 nm (a,c) et 632.8 nm (b,d).*

Enfin, les intensités DRES obtenues sur les chaines de nanocylindres excitées à 785 nm sont de l'ordre de celles obtenues sur la figure 3.19a pour le diamètre D=130 nm et ce quel que soit le diamètre.

Aucune augmentation de signal DRES n'est observée en diminuant la séparation entre les nanocylindres de la chaine. Cette information montre que même si un phénomène de couplage à lieu (constaté sur la figure 3.6), cela ne garantit pas que l'amplitude du champ proche en bénéficie. Autrement dit, coupler n'est pas forcément exalter.

3.3.4.2 Etude dans le cadre des ordres supérieurs de RPSL

Pour rappel, nous avions présenté dans le chapitre 2 le fait que les ordres supérieurs de la RPSL pouvaient apporter une augmentation supplémentaire du signal DRES dans le cadre de nanostructures non couplées. L'idée était donc d'exploiter cet effet dans le cadre d'un couplage. Or, il est apparu dans l'étude champ lointain des nanobâtonnets de longueur L=300, 400, 700 et 900 nm qu'aucun couplage champ proche n'était possible dans la mesure où le rapport d'aspect bien trop important des nanobâtonnets mène à un confinement extrême des champ locaux situés aux extrémités des nanobâtonnets. Des mesures de DRES ont tout de même été effectuées et sont représentées sur la figure 3.20 pour une excitation à 785 nm. Tout d'abord, nous confirmons qu'aucun couplage champ proche n'a lieu pour les nanobâtonnets présentant des ordres supérieurs de la RPSL et que toutes les intensités DRES sont en moyenne un ordre de grandeur moins intenses que pour celles

3.3 Etude du confinement du champ électromagnétique local

produites par les nanobâtonnets de longueur L=100 nm (sauf pour L=300 nm, Gx=20 nm : possible artéfact). On observe cependant une oscillation systématique de l'intensité DRES avec des maximums qui diffèrent selon la longueur des nanobâtonnets. Nous n'avons pas d'explication quant à la nature de cette observation.

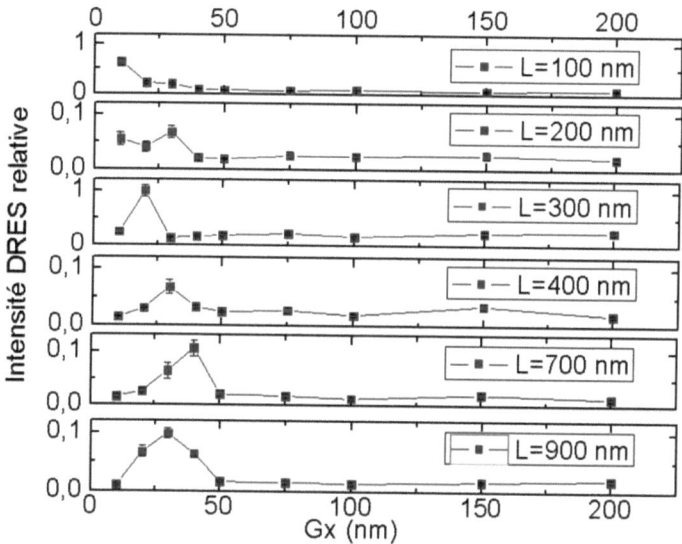

Figure 3.20 – *Evolution de l'intensité DRES relative en fonction de la séparation Gx entre les nanobâtonnets dont la longueur L varie de 100 nm à 900 nm et pour une excitation à 785 nm. Les droites entre chaque point expérimental ne sont la que pour guider la lecture.*

3.4 Conclusion

Le but du chapitre 2 était de faire comprendre qu'il existe un certain nombre de « leviers » permettant d'améliorer le signal DRES et que des facteurs d'exaltation intéressants peuvent être obtenus. Au début du chapitre 3, nous avons tout d'abord montré qu'il ne sert à rien d'avoir de si grands signaux si l'objet étudié ne pouvait être « vu » par les champs électromagnétiques locaux et qu'il fallait donc avoir une idée de la portée de ceux-ci. Ainsi, en compromis, le chapitre 3 s'est proposé d'étudier de faire coup double en étudiant cette portée par la diminution de la séparation entre les nanoparticules apportant ainsi un complément au chapitre 2.

Une étude en champ lointain a tout d'abord permis de montrer qu'une augmentation du rapport d'aspect des nanoparticules (R_l=L/l ou R_h=D/h ou L/h), qu'elles soient de section cylindriques ou ellipsoïdales, induit un confinement plus important du champ électromagnétique local et, par extension, à une diminution de sa portée (linéaire dans le cas des nanocylindres et exponentielle dans le cas des nanobâtonnets). Ainsi, pour une hauteur fixe de nanoparticule de 60 nm, la longueur de décroissance peut passer d'environ 30 nm à 8 nm pour une variation de taille de seulement 100 nm.

L'étude en champ proche a révélé tout d'abord qu'un ordre de grandeur supplémentaire d'amélioration du signal DRES pouvait être obtenu par couplage des nanoparticules et ce, indépendamment de la position de la RPSL. Cette étude a ensuite montré que jusqu'à 10 nm de séparation, il n'était pas opportun de privilégier une forme allongée par rapport à une forme cylindrique sous prétexte de

3.3 Etude du confinement du champ électromagnétique local

vouloir bénéficier de l'effet de pointe. En effet, les formes allongées apportent autant de signal que les formes cylindriques mais sont probablement plus efficaces pour des séparations inférieures à 10 nm. Cela pose la question de l'utilisation de technologies de fabrication permettant la fabrication de séparation aussi petites et surtout de manière reproductible. L'étude champ proche montre également qu'il ne suffit pas d'atteindre des séparations extrêmement petites pour créer des points chauds. On peut effectivement avoir couplage champ proche entre les nanoparticules mais pas nécessairement d'augmentation significative de l'amplitude du champ local. Cela dépend effectivement du confinement de ce dernier contrôlé par le rapport d'aspect des nanoparticules mais également par la longueur d'onde d'excitation.

Bibliographie

[1] Homola, J. Surface Plasmon Resonance Sensors for Detection of Chemical and Biological Species, *Chem. Rev.* **108**, 462–493 (2008).

[2] Abdulhalim, I. Enhanced spectroscopies and surface plasmon thin film sensors, Chapter in a book following a summer school in Heidelberg titled: Plasmonics, Functionalization and Biosensing, Ed. Marc Lamy de la Chapelle and AnnemariePucci, Pan Stanford Publishing, in press, (2011).

[3] Jung, L. S. Campbell, C. T. Chinowsky, T. M. Mar M. N. & Yee, S. S. Quantitative Interpretation of the Response of Surface Plasmon Resonance Sensors to Adsorbed Films, *Langmuir* **14,** 5636–5648 (1998).

[4] Raether, H. *Surface Plasmons on smooth and rough surfaces and on gratings.* (1988).

[5] Haes, A. & Van Duyne, R. P. A unified view of propagating and localized surface plasmon resonance biosensors, *Analytical and Bioanalytical Chemistry* **379**, 920–930 (2004).

[6] McFarland, A. D. & Van Duyne, R. P. Single Silver Nanoparticles as Real-Time Optical Sensors with Zeptomole Sensitivity, *Nano Lett.* **3**, 1057–1062 (2003).

[7] Barbillon, G. Bijeon, J.-L. Plain, J. & Royer, P. Sensitive detection of biological species through localized surface-plasmon resonance on gold nanodisks, *Thin Solid Films* **517**, 2997–3000 (2009).

[8] Haes, A. J. Zou, S. Schatz, G. C. & Van Duyne, R. P. Nanoscale Optical Biosensor: Short Range Distance Dependence of the Localized Surface Plasmon Resonance of Noble Metal Nanoparticles, *J. Phys. Chem. B* **108**, 6961–6968 (2004).

[9] Haes, A. J. Zou, S. Schatz G. C. & Van Duyne, R. P. A Nanoscale Optical Biosensor: The Long Range Distance Dependence of the Localized Surface Plasmon Resonance of Noble Metal Nanoparticles, *J. Phys. Chem. B* **108**, 109–116 (2003).

[10] Charles, D. E. *et al*, Versatile Solution Phase Triangular Silver Nanoplates for Highly Sensitive Plasmon Resonance Sensing, *ACS Nano* **4**, 55–64 (2009).

[11] Lin, Y. Zou, Y. Mo, Y. Gu, J. & Lindquist, R. G. E-Beam Patterned Gold Nanodot Arrays on Optical Fiber Tips for Localized Surface Plasmon Resonance Biochemical Sensing, *Sensors* **10**, 9397–9406 (2010).

[12] Lee, S.-W. et al., Highly Sensitive Biosensing Using Arrays of Plasmonic Au Nanodisks Realized by Nanoimprint Lithography, *ACS Nano* **5**, 897–904 (2011).

[13] Willets, K. A. & Van Duyne, R. P. Localized surface plasmon resonance spectroscopy and sensing, *Annu. Rev. Phys. Chem.* **58**, 267 (2007).

[14] Petryayeva, E. & Krull, U. J. Localized surface plasmon resonance: Nanostructures, bioassays and biosensing—A review, *Analytica Chimica Acta* **706**, 8–24 (2011).

[15] Sagle, L. B. Ruvuna, L. K. Ruemmele J. A. & Van Duyne, R. P. Advances in Localized Surface Plasmon Resonance Biosensing, *Nanomedicine* **6**, 1447–1462 (2011).

[16] Barbillon, G. Bijeon, J.-L. Plain J. & Royer, P. Sensitive detection of biological species through localized surface-plasmon resonance on gold nanodisks, *Thin Solid Films* **517**, 2997–3000 (2009).

[17] Kedem, O. Teslec, A. & Vaskevich, A. Sensitivity and optimization of localized surface plasmon resonance transducer. *ACS Nano.* **5**, 748-760 (2011).

[18] Yonzon C. R. et al. Towards advanced chemical and biological nanosensors—An overview, *Talanta* **67**, 438–448

(2005).

[19] Xu, H. Bjerneld, E. J. Kaell, & M. Boerjesson, L. Spectroscopy of Single Hemoglobin Molecules by Surface Enhanced Raman Scattering. *Phys. Rev. Lett.* **83**, 4357 (1999)

[20] Gresillon, S. Aigouy, L. Boccara, A. C. et al. Experimental Observation of Localized Optical Excitations in Random Metal-Dielectric Films. *Phys. Rev. Lett.* **82**, 4520 (1999).

[21] Gunnarsson, L. Rindzevicius, T. Prikulis, J. et al. Confined Plasmons in Nanofabricated Single Silver Particle Pairs: Experimental Observations of Strong Interparticle Interactions. *J. Phys. Chem. B* **87**, 1079–87 (2004).

[22] Rechberger, W. Hohenau, A. Leitner, A. Krenn, JR. Lamprecht, B. & Aussenegg, F. R. Optical properties of two interacting gold nanoparticles. *Optics Communications* 220,137–41 (2003).

[23] Kottmann, J. & Martin, O. Retardation-induced plasmon resonances in coupled nanoparticles. *Optics Letters* **26**, 1096–8 (2001).

[24] Liu, Z. Boltasseva, A. Pedersen, .RH. et al. Plasmonic nanoantenna arrays for the visible. *Metamaterials* **2**. 45–51 (2008).

[25] Aizpurua, J. Bryant, G. Richter, L. & Garcia de Abajo, F. Optical properties of coupled metallic nanorods for field-enhanced spectroscopy. *Physical Review B* **71**, 235420 (2005).

[26] El-Sayed, M. A. Surface Plasmon Coupling and Its Universal Size Scaling in Metal Nanostructures of Complex Geometry: Elongated Particle Pairs and Nanosphere Trimers. *J. Phys. Chem. C* 112, 4954–60 (2008).

[27] Sundaramurthy, A. Crozier, K. & Kino, G. Field enhancement and gap-dependent resonance in a system of two opposing tip-to-tip Au nanotriangles. *Physical Review B* **72**, 165409 (2005).

[28] Fromm, D. P. Sundaramurthy, A. Schuck, P. J. Kino & G. Moerner, W. E. Gap-Dependent Optical Coupling of Single "Bowtie" Nanoantennas Resonant in the Visible. *Nano letters* **4**, 957-961 (2004).

[29] Schuck, P. J. Fromm, D. P. Sundaramurthy, A. Kino & G. S. Moerner, W. E. Improving the Mismatch between Light and Nanoscale Objects with Gold Bowtie Nanoantennas. *Phys. Rev. Lett.* **94**, 017402 (2005).

[30] Mühlschelgel, P. Eisler, H.-J. Martin, O. J. F. Hecht, B & Pohl, D. W. Resonant Optical Antennas. *Science* **308**, 1607-1609 (2005).

[31] Prodan, E. Radloff, C. Halas, N. J. & Nordlander, P. A Hybridization Model for the Plasmon Response of Complex Nanostructures. *Science* **302**, 419 (2003).

[32] Tabor, C. Van Haute, D. & El-Sayed, M. A. Effect of Orientation on Plasmonic Coupling between Gold Nanorods. *ACS Nano* **3**, 3670 (2009).

[33] Gunnarsson, L. Bjerneld, E. J., Xu, H. et al. Interparticle coupling effect in nanofabricated substrates for surface-enhanced Raman scattering. *Appl. phys. lett.* **78**, 802-804 (2001).

[34] Liu, Y.-J. Zhang, Z.-Y. Zhao, Q. & Zhao, Y.-P. Revisiting the separation dependent surface enhanced Raman scattering. *Appl. Phys. Lett.* **93**, 173106-3 (2008).

[35] Neubrech, F. Pucci, A., Cornelius, T. et al. Resonant Plasmonic and Vibrational Coupling in a Tailored Nanoantenna for Infrared Detection. *Phys. Rev. Lett.* **101**, 157403 (2008)

[36] Nicolai, S. H. A. Rubim, J. C. Surface-enhanced resonance Raman (SERR) sepctra of methylen blue adsorbed on a silver electrode. *Langmuir* **19**, 4291-94 (2003).

[37] Fazio, B. D'Andrea, C. Banaccorso, F. et al. Re-radiation Enhancement in Polarized Surface-Enhanced Resonant Raman Scattering of Randomly Oriented Molecules on Self-Organized Gold Nanowires. *ACS Nano* **5**, 5945-56 (2011).

Chapitre 3 : Confinement des plasmons de surface localisés dans une nanoantenne

Conclusion générale

Le travail présenté dans ce manuscrit a permis de mettre en lumière les différentes possibilités menant à l'optimisation de l'efficacité de capteurs basés sur la RPSL et fabriqués par des techniques contrôlant précisément la géométrie des nanostructures métalliques. L'accent a été mis plus particulièrement sur les capteurs par RPSL et sur les capteurs DRES.

La démarche à tout d'abord consisté à poser les bases permettant la compréhension des phénomènes mis en jeux et de tous les paramètres ajustables pour l'optimisation de ces capteurs. Ainsi, le premier chapitre a rappelé les paramètres clés menant à l'optimisation recherchée, i.e., la nature du métal, la taille de la nanoantenne, sa forme, son milieu environnant, la polarisation du champ électrique incident, la séparation entre les nanoparticules et la présence d'ordres supérieurs. Ce premier chapitre s'est particulièrement préoccupé de rappeler l'origine de ces paramètres et d'en expliquer leur importance. Les paramètres extraits sont valables pour n'importe quel capteur basé sur la RPSL. Aussi, la partie présentant les techniques de fabrication de surfaces nanostructurées a rappelé la limitation de cette optimisation aux possibilités techniques existantes.

Le second chapitre s'est davantage focalisé sur les capteurs DRES en exposant le principe de l'optimisation de leur signal dans le cas de réseaux de nanostructures d'or. Des règles d'optimisation fixant la position de la longueur d'onde de la RPSL par rapport aux longueurs d'onde d'excitation et Raman ont été identifiées pour différentes formes de nanoparticules. Cela a mis en valeur l'importance du contrôle de cette position de la RPSL sur les performances du capteur et donc l'importance de la précision de la technique de fabrication des substrats. Aussi, il s'avère que la longueur d'onde d'excitation influence ces règles mettant parallèlement en valeur un décalage entre l'information donnée par les mesures en champ proche (spectroscopie Raman) et celle donnée en champ lointain (spectroscopie d'extinction). Aussi, les paramètres d'optimisation ont été successivement résumés en précisant les gains possibles de signal.

Le chapitre 2 a exposé les possibilités d'amélioration du signal DRES en omettant volontairement la problématique de la portée du champ électromagnétique local créé. En d'autres termes, un champ local fort peut exister sans savoir si ce qui doit être détecté (une molécule par exemple) puisse en bénéficier. Pour cela, le chapitre 3 s'est consacré à l'observation de l'allure du champ électromagnétique local (amplitude et longueur de décroissance) par l'étude du couplage champ proche entre les nanoparticules d'or. Une étude en champ lointain (extinction) a montré qu'une augmentation, d'une part, du rapport d'aspect des nanoparticules et, d'autre part, de la longueur d'onde d'excitation, induit un confinement plus important du champ électromagnétique local. Ce confinement évolue d'autant plus rapidement que les nanostructures sont de forme allongées (nanobâtonnets de rapport d'aspect élevé) et il peut être extrême (longueur de décroissance largement inférieure à 25 nm et de quelques nanomètres seulement). L'étude en champ proche (DRES) a confirmé ce confinement du champ local pour des nanostructures de grand rapport d'aspect. De plus, au-dessus de 10 nm de séparation, les formes produisant un effet de pointes n'apportent pas forcément plus de signal que de « simples » formes cylindriques. Nous avons également constaté qu'il ne suffisait pas de rapprocher les nanostructures pour avoir un couplage champ proche et surtout pour pouvoir créer des points-chauds.

Finalement, nous espérons que ce travail puisse aider dans le choix de paramètres géométriques appropriés pour l'élaboration de nanostructures métalliques utilisées dans le cadre de capteurs par RPSL. Il faut simplement garder à l'esprit que la création d'un champ électromagnétique local extrêmement intense induit nécessairement une portée plus courte de celui-ci, donc une surface « d'action » plus faible et, par extension, un nombre de molécules sondées plus faible. Autrement dit, soit on crée un champ local extrême en prenant le risque de n'exciter que quelques molécules et pas nécessairement les zones d'intérêts, soit on fait le choix de perdre en signal en élargissant la portée du champ mais en couvrant la zone recherchée sur chaque molécule. La question est de savoir si le gain en nombre de molécules participant au signal compense la perte d'intensité du champ local.

Production scientifique issue du travail de thèse

Résumé : **1** chapitre de livre, **11** publications (dont **2** articles de revue invités), **7** présentations orales, **15** présentations de posters (dont **1** récompensé)

Chapitre de livre

- <u>N. Guillot</u> and M. Lamy de la Chapelle, *nanoantenna*, **EEEE**, DOI: 10.1002/047134608X.W8184 (2012)

Publications

1. <u>N. Guillot</u>, H. Shen, B. Fremaux, O. Péron, E. Rinnert, T. Toury and M. Lamy de la Chapelle, *Surface enhanced Raman scattering optimization of gold nanocylinder arrays: Influence of the localized surface plasmon resonance and excitation wavelength*, **Applied Physics Letters 97**, 023113 (2010)
2. C. David, <u>N. Guillot</u>, H. Shen, T. Toury and M. Lamy de la Chapelle, *SERS detection of biomolecules using lithographed nanoparticles towards a reproducible SERS biosensor*, **Nanotechnology 21**, 475501 (2010)
3. C. David, C. d'Andrea, E. Lancelot, J. Bochterle, <u>N. Guillot</u>, B. Fazio, O. M. Maragò, A. Sutton, N. Charnaux, F. Neubrech, A. Pucci, P. G. Gucciardi, M. Lamy de la Chapelle, *Raman and IR spectroscopy of manganese superoxide dismutase, a pathology biomarker*, **Vibrational spectroscopy 62**, 50 (2012)
4. H. Shen, <u>N. Guillot</u>, J. Rouxel, M. Lamy de la Chapelle and T. Toury, *Optimized plasmonic nanostructures for improved sensing activities*, **Optics express 20**, 21278 (2012)
5. <u>N. Guillot</u>, C. D'Andrea, A. Toma, P. Albella, R. P. Zaccaria, E. Di Fabrizio, J. Aizpurua, P. G. Gucciardi and M. Lamy de la Chapelle, *Confinement effect of the Localized Surface Plasmons on the coupling of gold nanolithographied structures: Application to Surface Enhanced*

Raman Scattering, **à soumettre à ACS Nano** (2012)
6. H. Shen, J. Rouxel, N. Guillot, M. Lamy de la Chapelle, T. Toury, *Light polarization properties of three fold symmetry gold nanoparticles : model and experiments*, **Comptes rendu de physique 13**, 830 (2012)
7. N. Guillot and M. Lamy de la Chapelle, *The electromagnetic effect in Surface Enhanced Raman Scattering: Enhancement optimization using precisely controlled nanostructures*, **JQRST 113**, 2321 (2012) – **Articles de revue invité**
8. N. Guillot and M. Lamy de la Chapelle, *Lithographied nanostructures as nanosensors*, **Journal of Nanophotonics 6**, 064506 (2012) – **Articles de revue invité**
9. D. Barchiesi, S. Kessentini, N. Guillot, M. Lamy de la Chapelle, T. Grosges, *Localized Surface Plasmon Resonance in arrays of nano-gold cylinders: inverse problem and propagation of uncertainties*, **Optics Express 21(2)**, 2245 (2013)
10. M. Lamy de la Chapelle, H. Shen, N. Guillot, B. Frémaux, B. Guelorget, T. Toury, *New gold nanoparticles adhesion process opening the way of improved and highly sensitive plasmonics technologies*, **Plasmonics 8**, 411 (2013)
11. M. Lamy de la Chapelle, N. Guillot, B. Frémaux, H. Shen, T. Toury, *Novel apolar plasmonic nanostructures with extended optical tenability for sensing applications*, **Plasmonics 8**, 475 (2013)

PRÉSENTATIONS ORALES DE CONFÉRENCES

1. N. Guillot, B. Fremaux, S. Ben Amor, H. Shen, O. Peron, T. Toury, E. Rinnert, M. Lamy de la Chapelle, *Surface Enhanced Raman Scattering Of Gold Nanostructures : Role Of Dipolar and Multipolar Localized Surface Plasmons*, **NN10**, Ouranoupolis, halkidiki, Grèce (11-14 juillet 2010)
2. N. Guillot, B. Fremaux, S. Ben Amor, H. Shen, O. Peron, T. Toury, E. Rinnert, M. Lamy de la Chapelle, *Surface Enhanced Raman Scattering Of Gold Nanostructures : Role Of Dipolar and Multipolar Localized Surface Plasmons*, **EOS Annual Meeting 2010**, Paris, France (26-29 octobre 2010)
3. N. Guillot, B. Fremaux, S. Ben Amor, H. Shen, O. Peron, T. Toury, E. Rinnert, M. Lamy de la Chapelle, *Surface Enhanced Raman Scattering Of Gold Nanostructures : Role Of Dipolar and Multipolar Localized Surface Plasmons*, **ELS XIII**, Taormina, Italie (23-30 septembre 2011)

4. N. Guillot, C. D'Andrea, A. Toma, P. Albella, R. P. Zaccaria, E. Di Fabrizio, J. Aizpurua, P. G. Gucciardi, M. Lamy de la Chapelle, *Effet du confinement des Plasmons de Surface Localisés sur le couplages de structures d'or nanolithographiées: Application à la Spectroscopie Raman Exaltée de Surface*, **GDR Or/Nano**, Poitiers, France (19-21 mars 2012)
5. N. Guillot, C. David, N. Lidgi, H. Shen, T. Toury, M. Lamy de la Chapelle, *Development of a SERS Nanobiosensor Devoted to the Protein Detection*, **BIT 1st Annual Conference of Analytix**, Beijing, Chine (23-25 mars 2012) – Oral invité
6. N. Guillot, C. D'Andrea, A. Toma, P. Albella, R. P. Zaccaria, E. Di Fabrizio, J. Aizpurua, P. G. Gucciardi, M. Lamy de la Chapelle, *Confinement effect of the Localized Surface Plasmons on the coupling of gold nanolithographied structures: Application to Surface Enhanced Raman Scattering*, **META 2012**, Paris, France (19-22 avril 2012)
7. N. Guillot, C. D'Andrea, A. Toma, P. Albella, R. P. Zaccaria, E. Di Fabrizio, J. Aizpurua, P. G. Gucciardi, M. Lamy de la Chapelle, *Confinement effect of the Localized Surface Plasmons on the coupling of gold nanolithographied structures: Application to Surface Enhanced Raman Scattering*, **EMRS 2012**, Strasbourg, France (14-18 mai 2012)
8. N. Guillot, C. D'Andrea, A. Toma, P. Albella, R. P. Zaccaria, E. Di Fabrizio, J. Aizpurua, P. G. Gucciardi, M. Lamy de la Chapelle, *Confinement effect of the Localized Surface Plasmons on the coupling of gold nanolithographied structures: Application to Surface Enhanced Raman Scattering*, **ICN+T 2012**, Paris, France (23-27 juillet 2012)
9. M. Cottat, N. Guillot, C. David, N. Lidgi, P. Gogol, A. Aassime, M.-P. Planté, J.-M. Lourtioz, B. Bartenlian, H. Shen, T. Toury, M. Lamy de la Chapelle, *Optical properties of gold nanostructures: applications to the SERS and to the development of a nanobiosensor*, **EUCMOS 2012**, Cluj-Napoca, Roumanie (26-31 Août 2012)
10. N. Guillot, C. D'Andrea, A. Toma, P. Albella, R. Proietti, B. Fazio, O. Marago, E. Di Fabrizio, J. Aizpurua, P. Gucciardi, M. Lamy de la Chapelle, *Confinement effect of the Localized Surface Plasmons on the coupling of gold nanolithographied structures: Application to Surface Enhanced Raman Scattering*, **1st International Conference on Enhanced Spectroscopies 2012**, Porquerolles, France (3-5 Octobre 2012)

Présentation de posters

1. N. Guillot, H. Shen, S. Ben Amor, C. David, O. Peron, E. Rinnert, T. Toury, M. Lamy de la Chapelle, *SERS optimization of gold nanocylinder arrays: Influence of the surrounding medium and application for Polycyclic Aromatic Hydrocarbons detection*, **NN10**, Ouranoupolis, halkidiki, Grèce (11-14 juillet 2010)
2. N. Guillot, B. Fremaux, S. Ben Amor, H. Shen, O. Peron, T. Toury, E. Rinnert, M. Lamy de la Chapelle, *Surface Enhanced Raman Scattering Of Gold Nanostructures : Role Of Dipolar and Multipolar Localized Surface Plasmons*, **ICORS 2010**, Boston, Etats-Unis (7-12 août 2010)
3. N. Guillot, H. Shen, S. Ben Amor, C. David, O. Peron, E. Rinnert, T. Toury, M. Lamy de la Chapelle, *SERS optimization of gold nanocylinder arrays: Influence of the surrounding medium and application for Polycyclic Aromatic Hydrocarbons detection*, **ICORS 2010**, Boston, Etats-Unis (7-12 août 2010)
4. N. Guillot, H. Shen, S. Ben Amor, C. David, O. Peron, E. Rinnert, T. Toury, M. Lamy de la Chapelle, *SERS optimization of gold nanocylinder arrays: Influence of the surrounding medium and application for Polycyclic Aromatic Hydrocarbons detection*, **EOS Annual Meeting 2010**, Paris, France (26-29 octobre 2010) – **Prix du meilleur poster étudiant de la conference**
5. N. Guillot, S. Ben Amor, H. Shen, T. Toury, M. Lamy de la Chapelle, *Localized Surface Plasmons on gold nanostructures: Scattering evolution with the nanostructures size*, **EOS Annual Meeting 2010**, Paris, France (26-29 octobre 2010)
6. N. Guillot, B. Fremaux, S. Ben Amor, H. Shen, O. Peron, T. Toury, E. Rinnert, M. Lamy de la Chapelle, *Surface Enhanced Raman Scattering Of Gold Nanostructures : Role Of Dipolar and Multipolar Localized Surface Plasmons*, **Molecular plasmonics**, Jena, Allemagne (19-21 mai 2011)
7. N. Guillot, H. Shen, S. Ben Amor, C. David, O. Peron, E. Rinnert, T. Toury, M. Lamy de la Chapelle, *SERS optimization of gold nanocylinder arrays: Influence of the surrounding medium and application for Polycyclic Aromatic Hydrocarbons detection*, **Molecular plasmonics**, Jena, Allemagne (19-21 mai 2011)

Production scientifique

8. N. Guillot, B. Fremaux, S. Ben Amor, H. Shen, O. Peron, T. Toury, E. Rinnert, M. Lamy de la Chapelle, *Surface Enhanced Raman Scattering Of Gold Nanostructures : Role Of Dipolar and Multipolar Localized Surface Plasmons*, **Nanosensors photonics 2011**, Mer morte, Israël (5-9 novembre 2011)
9. M. Lamy de la Chapelle, N. Guillot, B. Fremaux, H. Shen, T. Toury, *Nanostructures plasmoniques apolaires pour applications capteur*, **GDR Or/Nano**, Poitiers, France (19-21 mars 2012)
10. M. Lamy de la Chapelle, H. Shen, B. Fremaux, N. Guillot, B. Guélorget, T. Toury, *New gold nanoparticles adhesion process opening the way of improved and highly sensitive plasmonics technologies*, **GDR Or/Nano**, Poitiers, France (19-21 mars 2012);
11. M. Cottat, N. Lidgi-Guigui, N. Guillot, C. David, H. Shen, T. Toury, F. Hamouda, B. Bartenlian, M. Lamy de la Chapelle, *A highly reproducible SERS detection of biomolecules using lithographied nanoparticles*, **EMRS 2012**, Strasbourg, France (14-18 mai 2012)
12. N. Guillot, B. Fremaux, S. Ben Amor, H. Shen, O. Peron, T. Toury, E. Rinnert, M. Lamy de la Chapelle, *Surface Enhanced Raman Scattering Of Gold Nanostructures : Role Of Dipolar and Multipolar Localized Surface Plasmons*, **ICORS 2012**, Bangalore, Inde (12-17 août 2012)
13. N. Guillot, H. Shen, S. Ben Amor, C. David, O. Peron, E. Rinnert, T. Toury, M. Lamy de la Chapelle, *SERS optimization of gold nanocylinder arrays: Influence of the surrounding medium and application for Polycyclic Aromatic Hydrocarbons detection*, **ICORS 2012**, Bangalore, Inde (12-17 août 2012)
14. N. Lidgi-Guigui, N. Guillot, F. Hamouda, M. Cottat, P. Gogol, A. Aassime, M.-P. Planté, J.-M. Lourtioz, B. Bartenlian, M. Lamy de la Chapelle, *Gold nanoparticles by soft UVNIL technology for ultrasensitive biochemical sensing based on surface enhanced Raman spectroscopy (SERS)*, **ICORS 2012**, Bangalore, Inde (12-17 août 2012)
15. N. Lidgi-Guigui, N. Guillot, M. Cottat, A. Toma, E. Di Fabrizio, M. Lamy de la Chapelle, *Biosensor based on surface enhanced Raman spectroscopy (SERS) made by electron beam lithography,)*, **ICORS 2012**, Bangalore, Inde (12-17 août 2012)

ANNEXES

Table des annexes

ANNEXE A : FABRICATION DES SUBSTRATS
NANOLITHOGRAPHIÉS 248

ANNEXE B : SPECTROSCOPIE D'EXTINCTION 251

ANNEXE C : DIFFUSION ET SPECTROSCOPIE RAMAN 253
    C.1 Diffusion Raman 253
    C.2 Spectrométrie Raman 259

ANNEXE D : CALCUL DU FACTEUR D'EXALTATION MOYEN 261

Annexe A

Fabrication des substrats nanolithographiés

Trois échantillons nanolithographiés différents ont permis de produire les résultats exposés dans ce manuscrit :

1. Nous donnons tout d'abord quelques détails supplémentaires concernant *la fabrication des échantillons constitués de substrats de verre et d'une couche d'accroche de chrome*. Ils ont été fabriqués par le *Laboratoire de Nanotechnologie et d'Instrumentation Optique (LNIO) de l'Université de technologie de Troyes (UTT)*. Les échantillons ont été réalisés à l'aide d'un microscope électronique à balayage (MEB, Hitachi S-3500N 30 kV) équipé d'un système de production de motifs à l'échelle nanométrique (NPGS, par J.C. Nabity). Une résine de haute résolution, le polyméthacrylate de méthyle (PMMA), est utilisée. Elle est déposée par spin-coating sur un substrat de verre et couverte de 10 nm d'aluminium afin d'éviter les accumulations de charges durant l'exposition aux électrons. Après exposition au faisceau d'électrons, les motifs sont développés en utilisant du méthylisobutilkeytone (MIBK):alcool isopropyle (IPA) 1:3. Une épaisseur de chrome de 3 nm jouant le rôle de liant entre le substrat de verre et l'or est ensuite évaporée. L'épaisseur d'or désirée est ensuite évaporée sur l'échantillon. Un lift-off est enfin réalisé en utilisant de l'acétone. Chaque rangée couvre un carré

de 80 µm de côté, ce qui permet d'avoir différentes rangées avec des nanoparticules de tailles différentes sur le même échantillon. La forme et la taille des nanoparticules métalliques sont ensuite vérifiées par MEB.

2. Des *échantillons constitués d'un substrat de fluorrure de calcium (CaF_2) avec une couche d'accroche de titane* ont également été utilisés dans les expériences présentées dans le chapitre 2 de ce manuscrit. Ils ont été réalisés par *l'Instituto Italiano di technologia (IIT) de* Gênes. Ces échantillons ont été également fabriqués par LFE (Raith 150-Two). Une couche de résine de PMMA (MicroChem 950 PMMA A3) d'une épaisseur de 120 nm est déposée par spin-coating à une vitesse de rotation de 3000 tours par minutes sur un substrat de CaF_2 (100). Une fine couche d'aluminium est ensuite déposée sur la couche de PMMA pour les mêmes raisons que l'échantillon précédent. L'exposition aux électrons est ensuite réalisée avec une énergie de 20 KeV et avec une dose de 450 µC/cm^2. Après développement dans une solution de MIBK:IPA (1:3), les nanostructures sont déposées dans un système de dépôt de fine couche par évaporation sous vide (Kurt J. Lesker). Une couche d'accroche de 5 nm de titane est ensuite évaporée juste avant le dépôt de 55 nm d'or. La résine non exposée est ensuite retirée avec de l'acétone et rincée dans de l'IPA. Enfin, l'échantillon est soumis à une irradiation plasma ozone à 200 W durant 60 secondes afin d'enlever la résine résiduelle ainsi que d'éventuels contaminants.

3. Les informations concernant les *échantillons constitués d'une couche d'accroche de MPTMS* réalisés par le LNIO de l'UTT ont été directement données au quatrième paragraphe de la section 2.3 de ce manuscrit.

Annexe B
Spectroscopie d'extinction

Toutes les positions de RPSL des échantillons présentés dans ce manuscrit ont été mesurées de la façon suivante (figure B.1) :

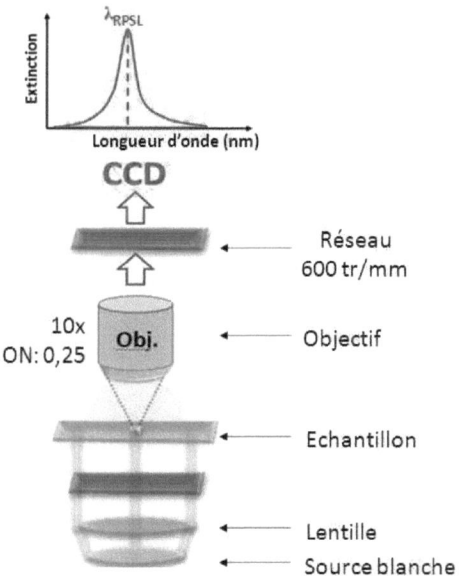

Figure B.1 – *Schéma du dispositif expérimental utilisé dans le cadre d'une mesure par spectroscopie d'extinction.*

La spectroscopie d'extinction est réalisée sur un microspectromètre Raman d'Horiba Jobin-Yvon (Labram) avec un objectif 10x (O.N.=0.25). Il s'agit du même dispositif que celui

B. Spectroscopie d'extinction

utilisé pour des mesures de spectroscopie Raman mais en configuration transmission. L'autre différence réside dans le fait que tout le spectre du visible doit être détecté. Par conséquent, les filtres edge, utilisés en spectroscopie Raman pour couper toutes les longueurs d'ondes inférieures à la longueur d'onde d'excitation, doivent être retirés.

La position de la RPSL donne la longueur d'onde d'excitation à utiliser pour qu'un maximum d'interaction (extinction) ait lieu entre le rayonnement incident et la nanoparticule métallique excitée. L'excitation est réalisée par une source de lumière blanche placée sous l'échantillon et polarisée si besoin (figure B.1). Pour rappel, cette interaction se présente sous deux phénomènes : l'absorption et la diffusion du rayonnement incident par la nanoparticule métallique. L'extinction n'est ni plus ni moins que la somme de ces deux phénomènes. Ce qui nous intéresse en particulier est ce que la nanoparticule métallique va absorber. Ainsi, le minimum de diffusion doit être capté par le système de mesure. Cela explique la présence d'un objectif à faible ouverture numérique (O.N.) (10x, ON=0,25) au dessus de l'échantillon. La lumière ayant interagit avec les nanoparticules métalliques est ensuite diffractée sur une caméra CCD donnant ainsi un spectre de transmission de la lumière pris à travers le réseau de nanoparticules (I_t). Au préalable, une mesure identique sans réseau de nanoparticule a été effectuée donnant un spectre de référence de transmission de la lumière (I_0). Le rapport de ces deux spectres pris en logarithme donne le spectre d'extinction des nanoparticules métalliques observées. Le maximum d'extinction donne ainsi la position de la RPSL propre à cet échantillon.

Annexe C
Diffusion et spectroscopie Raman

C.1 Diffusion Raman

La diffusion Raman est un phénomène physique couramment utilisé en caractérisation de la matière. Les spectres extraits sont effectivement caractéristiques de la présence de molécules ou de groupement moléculaires par exemple, de leur structure chimique et également de la nature de leurs liaisons chimiques. Ce sont les vibrations de ces liaisons qui vont informer de leurs caractéristiques. La diffusion Raman fait donc partie des phénomènes donnant l'information recherchée sous forme de vibrations tout comme l'absorption infrarouge (l'excitation de ces phénomènes est toutefois différente).

Deux approches sont habituellement utilisées pour décrire la diffusion Raman. La première est une approche dite quantique où le raisonnement se fait en termes de niveaux d'énergie. La base du phénomène se situe au niveau de l'énergie d'excitation. Celle-ci doit en effet être supérieure à l'énergie de vibration de la liaison chimique observée. C'est à ce point précis que réside la différence avec l'absorption infrarouge tirant pourtant l'information des mêmes vibrations mais dont l'excitation correspond, comme son nom l'indique, à une absorption directe de l'énergie d'excitation. Ainsi, la diffusion Raman est typiquement excitée par des rayonnements allant du visible au proche infrarouge là ou l'absorption infrarouge est excitée dans...l'infrarouge. Dans le cas de la diffusion Raman, l'excitation provient habituellement d'un rayonnement monochromatique (laser) naturellement polarisé. Lorsque cette excitation atteint l'objet à observer, trois phénomènes apparaissent (tableau C.1) :

- le plus probable qui concerne 1 photon sur 10^4 correspond à une diffusion inélastique où l'énergie est restituée instantanément telle qu'elle est arrivée et dans toutes les directions de l'espace (on peut voir cela comme une absorption virtuelle). C'est la *diffusion Rayleigh* (tableau C.1a) ;

- Les deux autres phénomènes sont nettement moins probables et concernent seulement 1 photon sur 10^9. Ils correspondent aux diffusions inélastiques et représentent le phénomène Raman à proprement parlé. Le premier appelé *diffusion Stokes* (tableau C.1b) fait perdre de l'énergie au rayonnement incident au bénéfice de l'objet observé et excite les électrons du niveau fondamental. Le phénomène inverse caractérise la *diffusion anti-Stokes* (tableau C.1c) et excite les électrons des premiers niveaux vibrationnels excités rendant ce phénomène encore moins probable.

C. Diffusion et spectroscopie Raman

	Energie diffusée	Phénomène
$E_{excitation}=h\upsilon_0$ — Niveau d'énergie virtuel — Niveau d'énergie vibrationnel E_{vib} — Niveau d'énergie fondamental	$E_d = h\upsilon_0$	a. Diffusion Rayleigh
$E_{excitation}-E_{vib}$	$E_d = h(\upsilon_0-\upsilon_{vib})$	b. Diffusion Stokes
$E_{excitation}+E_{vib}$	$E_d = h(\upsilon_0+\upsilon_{vib})$	c. Diffusion Anti-Stokes

Tableau C.1 – *Schémas correspondant à l'approche quantique de la diffusion Raman et Rayleigh. Les lignes horizontales pleines représentent les niveaux d'énergies de vibration d'un objet observé et les lignes horizontales pointillées représentent des niveaux d'énergie virtuels. h est la constante de Planck et υ une fréquence.*

Nous remarquons que pour la diffusion Raman, la fréquence diffusée n'est pas la même que la fréquence d'excitation. La fréquence diffusée est décalée vers le rouge pour la diffusion Stokes et vers le bleu pour la diffusion anti-Stokes. C'est grâce à ce décalage que les énergies de vibrations (appelés également modes de vibrations) de l'objet observé peuvent être observées. Cela permet d'expliquer la dénomination de l'axe des abscisses des spectres Raman : « décalage Raman ». L'ordonnée de ces spectres correspond au nombre de photons diffusés de manière élastique ou inélastique comme le montre la figure C.1. On parlera de nombre de coups ou de nombre de coups par seconde. Une symétrie parfaite peut-être observée sur les spectres Raman par rapport à l'énergie de diffusion Rayleigh. On remarque une formation de bandes et non de raies uniques (dirac). En effet, il existe une répartition de niveaux d'énergie autour de la position réelle de l'énergie de vibration. Les électrons n'atteignent donc pas précisément et systématiquement le niveau de vibration mais se répartissent autour d'un niveau d'énergie moyen.

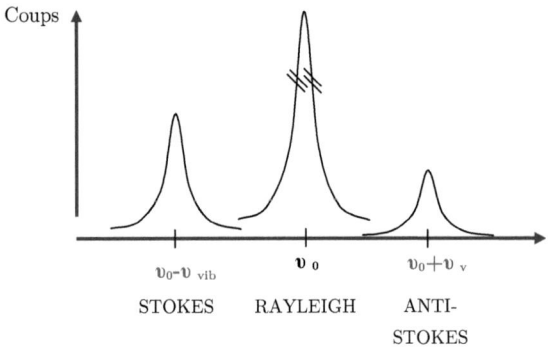

Figure C.1 – *Schéma représentant un spectre comportant les bandes Raman et Rayleigh.*

La diffusion Rayleigh étant typiquement 10^5 fois plus intense que la diffusion Raman ce qui explique que la bande Rayleigh soit représentée hachurée dans la figure C.1. On représente également les spectres Raman avec une mise à zéro basée sur l'énergie d'excitation.

La spectroscopie Raman est, tout comme la spectroscopie infrarouge, basée sur la détection de modes de vibration d'un objet observé. Comme nous venons de le voir, la principale différence entre la diffusion Raman et l'absorption infrarouge réside en l'énergie d'excitation utilisée. Cependant, un autre facteur permettant la détection de ces vibrations par spectroscopie Raman entre en jeu. Il est mis en évidence par l'approche électromagnétique de la diffusion Raman. Si nous considérons une molécule comme objet à caractériser, son activité Raman va dépendre de sa polarisabilité (en infrarouge, ce sera son moment dipolaire).

Toutes les molécules ont une polarisabilité. Il s'agit de la capacité qu'à un nuage électronique à se distordre sous l'action d'un champ électrique incident **E**. L'application de champ à la molécule induit un dipôle **P** tel que :

$$P = \alpha E \tag{C1}$$

En réalité, α est un tenseur car la polarisabilité change selon l'orientation du champ électrique. Ainsi, α est une constante de proportionnalité entre le champ électrique appliqué et le dipôle P induit par ce champ. Le champ excitateur de fréquence v_0 (Hz) et d'amplitude E_0 est donné par:

$$E = E_0 \cos(2\pi v_0 t) \tag{C2}$$

Si la molécule vibre à la fréquence v_{vib}, r (m) indique son déplacement par rapport à sa position d'équilibre et r_0 son déplacement maximum sous la forme:

$$r = r_0 \cos(2\pi v_{vib} t) \tag{C3}$$

Si la distorsion modifie la polarisabilité et en supposant la variation linéaire et d'amplitude faible, la polarisabilité de la molécule distendue s'écrit :

$$\alpha = \alpha_0 + \left(\frac{\partial \alpha}{\partial r}\right) r \qquad (C4)$$

Avec:

- α_0 : La polarisabilité de la molécule dans à sa position d'équilibre;

- $\left(\dfrac{\partial \alpha}{\partial r}\right) r$: La variation de la polarisabilité en fonction du déplacement r de la molécule.

En remplaçant l'équation (C4), (C3) et (C2) dans l'équation (C1), on obtient l'équation C5 suivante:

$P = \alpha_0 E_0 \cos(2\pi \nu_0 t)$ (Rayleigh)

$+\dfrac{1}{2}\dfrac{\partial \alpha}{\partial r} r_0 E_0 \cos 2\pi(\nu_0 + \nu_{vib})t$ (Anti-stokes)

$+\dfrac{1}{2}\dfrac{\partial \alpha}{\partial r} r_0 E_0 \cos 2\pi(\nu_0 - \nu_{vib})t$ (Stokes)

L'expression du dipôle P donne trois termes représentant la diffusion Rayleigh, la diffusion anti-Stokes et la diffusion Stokes. Pour que les deux derniers phénomènes existent, il faut que α soit différent de zéro et donc que $\left(\dfrac{\partial \alpha}{\partial r}\right) r$ (équation C4) soit différent de zéro. Cela signifie que pour savoir si un mode de vibration sera actif en Raman, il faut vérifier s'il y a une variation de la polarisabilité (du nuage électronique) pour les déplacements extrêmes induits par la vibration.

C.2 Spectrométrie Raman

Il s'agit du même dispositif (figure C.2) que celui utilisé pour la spectroscopie d'extinction avec quelques variantes :

- le rayonnement excitateur est un laser (He-Ne : 632.8 nm, Diodes : 660 nm et 785 nm dans le cadre de nos expériences) ;

- il s'agit d'une configuration en rétrodiffusion dans la mesure où après que le rayonnement incident ait interagit avec l'échantillon, le signal est diffusé naturellement dans toutes les directions, mais également dans la même direction que le rayonnement incident. Ainsi, pour capter le maximum de diffusion, l'objectif utilisé a une large ouverture numérique (100x, O.N.=0.9) ;

- c'est la diffusion Stokes qui est étudiée dans le cadre de nos expériences. Ainsi, les bandes de diffusion anti-Stokes et surtout Rayleigh (10^5 fois plus intense) doivent être coupées. Elles correspondent aux longueurs d'ondes inférieures à la longueur d'onde d'excitation utilisée. Pour se faire, l'utilisation d'un filtre edge permet de bloquer toutes ces longueurs d'onde.

Seul le signal de diffusion Stokes chemine jusqu'à la caméra CCD après avoir été diffracté par un réseau de 600 traits par millimètres.

Dans le cadre des mesures à 632.8 nm, un micro-spectromètre Raman d'Horiba Jobin-Yvon (Labram) tandis qu'un système Xplora de même marque a été utilisé pour les mesures aux longueurs d'onde 660 nm et 785 nm.

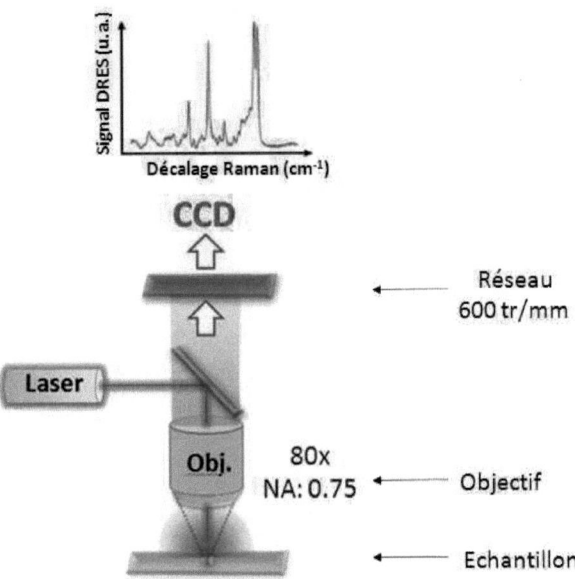

Figure C.2 – *Schéma du dispositif expérimental utilisé dans le cadre d'une mesure par spectroscopie Raman ou DRES.*

Annexe D

Calcul du facteur d'exaltation moyen

Exemple avec la BPE comme molécule sonde

L'échantillon est immerge dans une solution de BPE concentrée à 10^{-3} mol/L dans de l'eau dé-ionisée pendant 1h et séchée à l'air.

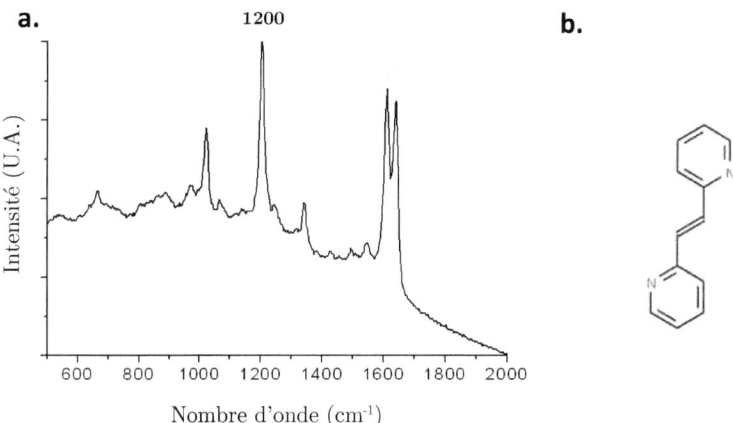

Figure D.1 – *a. Spectre Raman "classique" de la poudre de BPE = trans-1,2-bis(4-pyridyl)éthylène) dont la bande Raman d'intérêt (1200 cm^{-1}) est représentée. b. représentation de la BPE.*

D. Calcul du facteur d'exaltation moyen

Le facteur d'exaltation moyen (FEM) de l'intensité de la bande Raman d'intérêt s'écrit :

$$FEM = \frac{N_{ref}}{N_{DRES}} \frac{I_{DRES}}{I_{ref}} \frac{t_{ref}}{t_{DRES}} \frac{P_{ref}}{P_{DRES}} \qquad (D1)$$

où :

- **"ref"** correspond à la mesure de référence, en Raman "classique", effectuée dans une solution de BPE concentrée à 10^{-3} M. Dans ce but, un système "macro" est utilisé (figure D.2) :

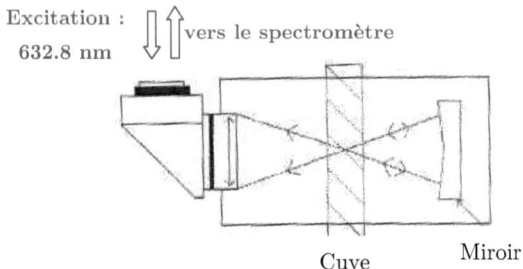

Figure D.2 – *Système "macro" utilisé pour les mesures de Raman "classique" en solution. La lentille macro a une focale de 40 mm et une ouverture numérique de 0,18.*

- **"DRES"** correspond à la mesure DRES effectuée en focalisant le spot laser sur les nanoparticules métalliques.
- N_{ref} correspond au nombre de molécules de BPE sondées dans le volume définit par le waist du laser = concentration de BPE x volume waist laser x N_A ;

D. Calcul du facteur d'exaltation moyen

- I_{ref} correspond à la valeur de l'intensité de la bande Raman à 1200 cm^{-1} de la BPE obtenue dans la mesure de référence ;
- t_{ref} et P_{ref} correspondent respectivement au temps et à la puissance utilisés dans les mesures de référence ;
- N_{DRES} correspond au nombre de molécules de BPE sondée et adsorbées sur la surface métallique inclues dans le spot laser (dépend du nombre de N$_{particles}$ inclues dans le spot laser);
- I_{DRES} correspond à la valeur de l'intensité de la bande Raman à 1200 cm^{-1} de la BPE obtenue dans la mesure DRES ;
- t_{SERS} et P_{SERS} correspondent respectivement au temps et à la puissance utilisés dans les mesures DRES;

Liste des figures

Figure 1.1 – *Evolution de ε_r en fonction de la pulsation ω normalisée par rapport à la pulsation propre ω_0 du système (en prenant l'amortissement des oscillations des charges γ_m égal à 0.1).*

Figure 1.2 – *Evolution de la partie imaginaire de ε_{rc} en fonction de la longueur d'onde pour l'or (ligne continue) et l'argent (pointillés)*

Figure 1.3 – *Représentation de la variation d'amplitude de l'onde créée sur l'antenne à deux positions extrêmes (courbes noires et pointillées) et avec un déplacement montré par les flèches pour les trois premiers modes d'antenne : l=1, mode fondamental, l=2 et 3, respectivement, les premier et second harmoniques.*

Figure 1.4 – *Géométrie choisie pour exprimer le champ électrique associé aux plasmons de surface délocalisés à l'interface entre un milieu métallique de permittivité ε_{rc} et un milieu diélectrique 1 de permittivité ε_1. Sous l'action d'un rayonnement incident, le mouvement des charges + et − se traduit par des ondes de surface dont l'intensité décroît exponentiellement de part et d'autre de l'interface.*

Figure 1.5 – *Relation de dispersion des plasmons de surface délocalisés (courbe noire) dans un milieu métallique semi-infini comparée à la droite de lumière (courbe pointillée).*

Figure 1.6 – *Rendements Q d'extinction (courbe noire), de diffusion (courbe rouge) et d'absorption (courbe verte) en fonction de la longueur d'onde pour des sphères d'or et d'argent (diamètres de 20, 50, 100 et 150 nm).*

Figure 1.7 – *Evolution de la partie réelle de ε_{rc} en fonction de la longueur d'onde pour l'or (ligne continue) et l'argent (pointillés).*

Figure 1.8 – *Illustration de l'incidence de la taille de la nanoparticule par rapport à la longueur d'onde d'excitation sur l'homogénéité de la polarisation du champ électrique.*

Figure 1.9 – *Représentation des deux cas particuliers de l'ellipsoïde : les sphéroïdes oblates et prolates.*

Figure 1.10 – *Evolution de la partie réelle de ε_{rc} en condition de résonance en fonction du facteur de dépolarisation L_a avec des exemples de conséquence sur la forme des ellipsoïdes dans l'air ($\varepsilon_1 = 1$).*

Figure 1.11 – *Valeurs du rapport d'aspect $r=b/a$ pour les sphéroïdes prolates (courbes noires pleines selon le grand axe et pointillées pour le petit axe) et $r=c/a$ pour les oblates (courbes grises pleines selon le grand axe et pointillées pour le petit axe) en fonction de la partie réelle de la permittivité ε_{rc}.*

Figure 1.12 – *Répartition des charges électriques dans deux nanoparticules métalliques et incidence sur les spectres d'extinction pour une polarisation a) parallèle et b) perpendiculaire à l'axe de couplage.*

Figure 1.13 – *Présentation schématique du phénomène de DRES. 1) est la configuration requise pour la création de PSL, c'est-à-dire la présence d'une nanoparticule métallique de permittivité $\varepsilon_{métal}$ entourée d'un milieu diélectrique de permittivité $\varepsilon_{diélectrique}$ 2)Le PSL de la nanoparticule est excité par un champ électrique incident E_0 à la longueur d'onde λ_0 créant ainsi un champ électrique local E_{loc} proportionnel au facteur d'exaltation $M_{loc}(\lambda_0)$.3)Une molécule est placée le plus proche possible de la nanoparticule 4)Le champ électrique local polarise la molécule qui diffuse alors un champ électrique E_{diff} à la longueur d'onde Raman λ_R proportionnel à la polarisabilité α de la molécule et à E_{loc}. 5) Le champ électrique diffusé par la molécule interagit ensuite avec la nanoparticule créant ainsi* un champ électrique E_{rad} proportionnel au facteur d'exaltation $M_{rad}(\lambda_R)$.

Figure 1.14 – *Trois grands groupes de substrats présentant des RPSL. De gauche à droite: les électrodes métalliques rendues rugueuses par des cycles d'oxydoréduction, des solutions colloïdales et des nanostructures métalliques planes (figure supérieure : substrat non organisé ; figure inférieure : substrat organisé).*

Figure 1.15 – *Représentation des étapes requises pour l'élaboration de rangées de nanocylindres métalliques par la technique de lithographie UV.*

Figure 1.16 – *Représentation des étapes requises pour l'élaboration de rangées de nanocylindres métalliques par la technique de lithographie par faisceau d'électrons.*

Figure 1.17 – *Représentation des étapes requises pour l'élaboration de rangées de nanotrous dans un film d'or mince par la technique de lithographie par faisceau d'ions focalisés.*
Figure 1.18 – *Représentation des étapes requises pour l'élaboration de réseaux de nanocylindres par la technique de lithographie par nanoimpression.*

Figure 1.19 – *Représentation des étapes requises pour l'élaboration d'un film métallique sur nanosphères (étapes 1 et 2) ainsi que de rangées de nanoparticules de section triangulaires (étapes 1 à 3).*

Figure 2.1 – *Principe d'optimisation de la position de RPSL afin de maximiser le facteur $G(\lambda_0, \lambda_R) = [M_{loc}(\lambda_0)]^2 [M_{ray}(\lambda_R)]^2$) qui est directement relié au signal de DRES. Trois cas différents sont représentés avec une position de RPSL a. correspondant à la longueur d'onde d'excitation λ_0 (ici 632.8 nm), b. entre λ_0 et la longueur d'onde Raman λ_R (ici 685 nm, bande Raman de la BPE à 1200 cm^{-1}) et c. correspondant à λ_R. Ces différents spectres*

Liste des figures

d'extinction correspondent à différents diamètres de nanocylindres (les plus petits sont représentés en a) et les plus grands en c.).

Figure 2.2 – Exemples de spectres d'extinction normalisés de réseaux de nanocylindres fabriqués par LFE et dont les diamètres augmentent de 80 à 220 nm correspondant aux spectres d'extinction représentés de gauche à droite (λ_0 est la longueur d'onde d'excitation fixée ici à 632.8 nm et λ_R est la longueur d'onde Raman d'une bande Raman d'une molécule étudiée).

Figure 2.3 – Evolution de l'intensité Raman normalisée de la bande à 1200 cm^{-1} (λ_R=685 nm) de la BPE avec une longueur d'onde d'excitation λ_0=632.8 nm pour différentes positions de la RPSL de a. réseaux de nanocylindres d'or (diamètres variant de 50 à 200 nm, 50 nm de hauteur et 200 nm de séparation) et b. réseaux de nanoellipses (grand axe variant de 50 à 200 nm, petit axe = 50 nm en et hauteur = 50 nm et 200 nm de séparation).

Figure 2.4 – a. Position de la RPSL des réseaux de nanofils produits par LFE pour différentes longueurs (largeurs fixées à 50 nm et séparation de 200 nm). Evolution de l'intensité Raman relative en fonction de la longueur des nanofils pour une longueur d'onde d'excitation de b. 632.8 nm (étoiles noires) et c. 676 nm (cercles noirs). Les lignes entre les points servent juste à guider le lecteur. Evolution de l'intensité Raman relative pour chaque mode de PSL, les premier d., troisième f., cinquième h. et septième j. modes pour une excitation à 632.8 nm (étoiles noires) et les premier e., troisième g.et cinquième i. modes pour une excitation à 676 nm (cercles noires).

Figure 2.5 – Descriptif de l'échantillon n°2 utilisé pour la mesure de l'intensité de DRES du thiophénol.

Liste des figures

Figure 2.6 – *a. et b. Exemple de spectres d'extinction et c. et d. représentation des positions de la RPSL en fonction du diamètre des cylindres (carrés noirs pour l'ordre 1 de la RPSL et triangles blancs pour l'ordre 3 respectivement pour l'échantillon n° 1 en a) (position de l'ordre 3 de la RPSL repéré par des flèches noires) et c. et l'échantillon n° 2 en b. et d. λ_{01}, λ_{02} et λ_{03} correspondent, respectivement, aux longueurs d'onde d'excitation de 632.8 nm, 660 nm et 785 nm. λ_{R1}, λ_{R2} et λ_{R3} sont, respectivement, les longueurs d'onde Raman de la bande BPE à 1200 cm^{-1} lorsque celle-ci est excitée à λ_{01}, λ_{02} et λ_{03}. Les aires hachurées délimitent les zones spectrales situées entre λ_0 et λ_R pour les trois longueurs d'onde d'excitation.*

Figure 2.7 – *a. Evolution de l'intensité de la bande à 1200 cm^{-1} de la BPE en fonction des diamètres des nanocylindres et sous une excitation de λ_{01}=632.8 nm (carrés noirs) et λ_{03}=785 nm (carrés blancs) b. Evolution de l'intensité de la bande à 1071 cm^{-1} du thiophénol en fonction des diamètres des nanocylindres et sous une excitation de λ_{02}=660 nm (étoiles blanches) et λ_{03}=785 nm (carrés blancs). L'image insérée en a. est une image de microscopie électronique d'un réseau de nanocylindres. La barre d'échelle mesure 400 nm.*

Figure 2.8 – *Intensités Raman relatives représentées en fonction des positions des RPSL pour les deux longueurs d'onde d'excitation λ_{01}=632.8 nm a. et λ_{03}= 785 nm c. dans le cas de la BPE. Même chose pour les deux longueurs d'onde d'excitation λ_{02}=660 nm b. et λ_{03}= 785 nm d. dans le cas du thiophénol. Un rappel des positions des longueurs d'onde d'excitation et Raman est effectué pour chaque cas.*

Liste des figures

Figure 2.9 – *Intensités DRES relatives calculées par rapport à l'intensité maximale obtenue sur les deux séries de mesures effectuées à 632.8 nm (carrés noirs) et à 785 nm (carrés blancs) en fonction du diamètre des nanocylindres.*

Figure 2.10 – *a. Position optimale de la position de la RPSL et diamètres des nanocylindres ($h=60$ nm, espacement de 200 nm bords à bords) correspondants en fonction de la longueur d'onde d'excitation dans le cas où $\lambda_0 < \lambda_{RPSL} < \lambda_R$ (carrés noirs) et les mesures effectuées (carrés blanc). Les courbes de tendances linéaires ne sont là que pour guider le lecteur. Remarque : bien que les substrats (verre et CaF_2) et les couches d'accroche (Cr et Ti) soient différents, les positions de résonance restent proches (voir figure 2.8c et d par exemple) permettant ainsi cette comparaison. b. Variation de l'écart entre les positions théoriques et expérimentale de la position de la RPSL en fonction de la longueur d'onde d'excitation.*

Figure 2.11 – *Descriptif de l'échantillon utilisé pour la mesure de l'intensité DRES de la BPE à différentes longueurs d'onde d'excitation.*

Figure 2.12 – *Mesures de l'absorbance de réseaux de nanobâtonnets d'or mesurée sous une polarisation incidente parallèle (courbes noires) et perpendiculaire (courbes rouges) au grand axe L des nanobâtonnets de longueurs respectives a. $L=160$ nm, b. $L=250$ nm et c. $L=450$ nm. Les longueurs d'onde d'excitation $\lambda_{01}=632.8$ nm et $\lambda_{03}=785$ nm ainsi que la longueur d'onde Raman $\lambda_{R1}=685$ nm sont indiquées et délimitent les zones hachurées.*

Figure 2.13 - *Etapes de nanolithographie par faisceau d'électrons avec du MPTMS. Le MPTMS est déposé juste après le nettoyage du verre. Ensuite, les paramètres d'une procédure de LFE classique sont légèrement ajustés. En bas de la figure, trois images MEB montrent un exemple de particules nanolithographiées sur du verre et avec du MPTMS : nanocylindres (diamètre= 125 nm), nanotriangles (côté= 115 nm), nanoétoiles (base= 100 nm), l'épaisseur des nanoparticules est fixée à 50 nm.*

Figure 2.14 - *Images optiques de nanofils d'or pour le test de "rayure". a. nanofils avant le test : longueur 5 μm, largeur 200 nm, hauteur 80 nm. b. or sur verre sans couche d'accroche : la pointe du nanoscratch balaie les fils et les entasse à l'extrémité du mouvement de la pointe ou en laisse quelques uns sur les côtés après son passage. c. or sur verre avec du chrome pour couche d'adhésion : les nanofils ne sont pas arrachés mais sont coupés par la pointe qui doit rayer le verre et le chrome pour pouvoir retirer l'or de la surface. d. or sur verre avec du MPTMS comme couche d'accroche : le comportement mécanique des nanofils est similaire à celui du chrome e. Schéma de la pointe du nanoscratch: une force et une vitesse de déplacement constantes sont appliquées sur la pointe et la profondeur de pénétration est mesurée.*

Figure 2.15 – *a. Spectres d'extinction de réseaux de nanocylindres d'or (diamètre de 130 nm) avec du chrome (ligne continue) et du MPTMS (ligne discontinue) utilisés comme couche d'accroche. Pour ce diamètre spécifique, les valeurs de largeur à mi-hauteur (LMH) relevées sont 97 nm et 65 nm respectivement pour le chrome (flèche pleine) et le MPTMS (flèche discontinue). b. Evolution de la position de la RPSL en fonction du diamètre des nanocylindres avec du chrome (carrés noirs) et du MPTMS (carrés blancs) comme* couche d'accroche. c. LMH des spectres d'extinction pour chaque diamètre de cylindre mesuré avec du chrome (carrés noirs) et du MPTMS (carrés blancs) comme couche d'accroche. Les lignes pleine et pointillée sont uniquement représentées pour aider la lecture.

Figure 2.16 – a. Spectres DRES de la BPE obtenus pour des réseaux de nanocylindres d'or (130 nm de diamètre) avec du chrome (spectre du bas) et du MPTMS (spectre du haut) comme couche d'accroche. L'image insérée montre le même spectre pour le MPTMS comparé avec celui pour le chrome agrandi 10 fois, indiquant que les positions des modes Raman sont inchangées par la modification de la couche d'accroche. b. Intensités DRES absolues et c. relatives en fonction de la position de la RPSL pour le chrome (carrés noirs) et le MPTMS (carrés blancs) utilisés comme couche d'accroche. Les déconvolutions par des Lorentziennes sont représentées en c) en ligne continue pour le chrome et discontinue pour le MPTMS. Les longueurs des flèches sont de 115 nm et 65 nm respectivement pour le chrome (flèche pleine) et le MPTMS (flèche discontinue).

Figure 2.17 - Images MEB de réseaux de nanocylindres a., nanoellipses b., nanoétoiles c., nanotriangles d., nanotriangles inversés e. et nanoétoiles inversées f. d'or. g. schéma du dispositif expérimental pour la mesure d'extinction.

Figure 2.18 - a-d : Spectres d'extinction pour deux directions de polarisation du champ incident (0° et 90°) pour des rangées de nanoparticules d'or en formes a. de cylindre : diamètre =125 nm, b. d'ellipse : 90 nm x 45 nm, c. d'étoile à trois branches : base = 100 nm et d) de triangles : base = 110 nm (la direction de propagation de la lumière est perpendiculaire au plan du substrat). Les variations en termes d'intensité d'extinction et de position de la RPSL sont également représentées. e-g : Variation de e. la position de la RPSL, f. l'intensité relative de la RPSL et g. l'intensité DRES relative en fonction de l'angle de polarisation du champ incident pour un réseau de nanotriangles (longueur des côtés = 110 nm, épaisseur = 80 nm, constant de réseau = 200 nm). En f. et g., les lignes pointillées représentent la valeur moyenne μ et l'écart-type σ des intensités.

Figure 3.1 – *Principes de fonctionnement des capteurs par RPS a. et RPSL b. Dans les deux cas, nous représentons la direction de la lumière incidente, un exemple de la répartition des charges électriques et une valeur typique de la longueur de décroissance de l'amplitude du champ proche électromagnétique l_d. c. et e. sont des exemples de mesures typiques réalisées respectivement avec un système basé sur la RPS et un système basé sur la RPSL et d. montre que la cinétique de dépôt de molécules peut être mesurée sur les deux systèmes.*

Figure 3.2 – *a. Schéma du principe de mesure de la sensibilité d'une nanoparticule métallique au milieu environnant montrant le dépôt successif de trois solvants différents. La sensibilité m est également représentée. b. représente les différentes étapes pour la détection d'antigènes (molécule cible). MAA est déposée sur la surface métallique afin de fixer les anticorps (molécules sonde) dont le rôle est de capter les cibles. Le vecteur d'onde $\boldsymbol{k}$ et le champ électromagnétique $\boldsymbol{E}$ associé du rayonnement incident sont représenté. Le champ proche électromagnétique est également représenté afin de montrer la nécessité de contrôler le paramètre l_d et de choisir un couple MAA-sonde le plus petit possible.*

Figure 3.3 – *a. et b. sont respectivement des images MEB de réseaux de dimères de nanobâtonnets de longueur L égale à 100 nm et 200 nm (les échelles ont des longueurs respectives de 1 μm et 2 μm). Les inserts des figures a. et b. représentent un dimère individuel avec des barres d'échelle de longueur respective de 100 nm et 200* nm. La séparation Gx est indiquée dans l'insert de la figure a. La figure c. est une image inclinée des rangées de nanobâtonnets de longueur L=200 nm (la longueur de la barre d'échelle est de 1 μm).

Figure 3.4 – *Représentation schématique et caractéristique des échantillons étudiés en configuration dimère. La superposition des nanoparticules n'est pas réelle et n'est faite ici que par souci de synthèse. Les séparations Gx=40, 75 et 150 nm ne sont volontairement pas représentées pour plus de clareté.*

Figure 3.5 – *L'évolution de la position de RPSL lorsque la séparation entre les nanocylindres en configuration dimère varie est représentée respectivement en figure a. pour une polarisation incidente parallèle (carrés pleins) et b. perpendiculaire (carrés vides) à l'axe de couplage. Les points de couleur bleue, vert et violet représentent respectivement les nanocylindres de diamètre D=130, 160 et 180 nm.*

Figure 3.6 – *L'évolution de la position de RPSL lorsque la séparation entre les nanocylindres en configuration chaine varie est représentée respectivement en figure a. pour une polarisation incidente parallèle (carrés pleins) et b. perpendiculaire (carrés vides) à l'axe de couplage. Les points de couleur bleue, vert et violet représentent respectivement les nanocylindres de diamètre D=130, 160 et 180 nm.*

Figure 3.7 – *Exemples de spectres d'extinction pour les nanobâtonnets de longueur L =100 nm et pour une polarisation du rayonnement incident a. parallèle et b. perpendiculaire au grand axe des nanoparticules. Ces deux graphes montrent l'évolution de la position de RPSL lorsque la séparation entre les nanobâtonnets décroit (lecture de bas en haut). Les pointillets sont représentés pour faciliter la lecture. L'évolution de la position de RPSL lorsque la* séparation entre les nanobâtonnets varie est représentée en figure c. pour une polarisation incidente parallèle (carrés pleins) et perpendiculaire (carré vides) au grand axe des nanoparticules. Les points de couleur noire représentent les nanobâtonnets de longueur L=100 nm et ceux de couleur rouge représentent les nanobâtonnets de longueur L=200 nm.

Figure 3.8 – Variation de l'efficacité de couplage en fonction du rapport de la séparation sur a. le diamètre nanocylindres en dimères, b. le diamètre de nanocylindres en chaines et c. la longueur des nanobâtonnets en dimères pour une polarisation selon leur grand axe. Les courbes de tendances ont été réalisées à partir du modèle présenté en équation (6).

Figure 3.9 – a. Evolution dc τ (carrés noirs, lecture sur l'axe des ordonnées de gauche) et de l_d (ronds blancs, lecture sur l'axe des ordonnées de droite) en fonction des rapports d'aspect R_l égale à R_h dans ce cas précis b. Représentation schématique de l'amplitude du champ électromagnétique local dans le cas de nanocylindres de différents diamètres en raisonnant uniquement sur l_d et . (i.e. valeur arbitrairement fixe sur l'axe des ordonnées). Le trait pointillé noir vertical est indicatif et fixé à une distance de 20 nm par rapport à la surface.

Figure 3.10 – a. Evolution de τ (carrés noirs, lecture sur l'axe des ordonnées de gauche) et de l_d (ronds blancs, lecture sur l'axe des ordonnées de droite) en fonction des rapports d'aspect R_l égale à R_h dans ce cas précis b. Représentation schématique de l'amplitude du champ électromagnétique local dans le cas de nanobâtonnets de différentes longeurs en raisonnant uniquement sur l_d et . (i.e. valeur arbitrairement fixe sur l'axe des ordonnées). Le trait pointillé noir *vertical est indicatif et fixé à une distance de 20 nm par rapport à la surface.*

Figure 3.11 – *Comparaison de l'évolution des efficacités de couplage entre des réseaux de dimères de nanocylindres (carrés violets) et de nanobâtonnets (carrés rouges) dont les tailles sont proches (respectivement D= 180 nm et L= 200 nm). Les courbes de tendances ont été réalisées à partir du même modèle que dans la figure 3.5.*

Figure 3.12 – *Comparaison de l'évolution des efficacités de couplage entre des réseaux de dimères de nanocylindres (points violets pleins), de dimères de nanobâtonnets (points rouges pleins) et de chaines de nanocylindres (points violets coupés) dont les tailles sont proches (respectivement D= 180 nm et L= 200 nm). Les courbes de tendances ont été réalisées à partir du même modèle présenté en équation (6).*

Figure 3.13 – *Evolution de la position de la RPSL dans le cadre du a. premier, b. troisième, c. cinquième et d. septième ordre pour des nanobâtonnets de longueur L= 100, 200, 300, 400, 700 et 900 nm en fonction de la séparation Gx entre nanobâtonnets.*

Figure 3.14 – *Evolution des intensités DRES relative en fonction de la séparation Gx entre dimères de nanocylindres. Les intensités sont directement comparables. Les nanocylindres de diamètres D=130 nm (carrés violets), 160 nm (carrés verts) et 130 nm (carrés noirs) sont représentés. Les longueurs d'onde excitatrices sont a. 785 nm et b. 632.8 nm. Les courbes de tendance exponentielles en a. montrent des longueurs de décroissance de champ de 25±4 nm pour D=130 nm, 15±3 nm pour D=160 nm et 14±4 nm pour D=130 nm.*

Figure 3.15 – *Intensité DRES de la bande à 1200 cm-1 de la BPE représentée en fonction de la séparation entre les nanobâtonnets.*

Ces intensités sont normalisées par rapport à l'intensité maximale détectée (@785 nm, L=100 nm et Gx=10 nm) et sont les résultats d'excitation à a. 785 nm, b. 660 nm et c. 632.8 nm. Les données noires représentent les nanobâtonnets de longueur L=100 nm et les rouges représentent ceux de 200 nm. Les courbes de tendance exponentielles en a..montrent des longueurs de décroissance de champ de 12±4 nm pour L=100 nm et 6±2 nm pour L=200 nm.

Figure 3.16 – *Intensité DRES de la bande à 445 cm-1 du spectre du BM excité à 785 nm en fonction de la séparation entre les nanobâtonnets de longueur a. L=100 nm (carrés noirs) et b. L=200 nm. Les donnés sont normalisées par rapport au maximum d'intensité dans chaque cas. Les courbes de tendance exponentielles montrent des longueurs de décroissance de champ de a. 12±4 nm et b. 5±3 nm.*

Figure 3.17 – *Comparaison de l'évolution de l'intensité DRES en fonction de la séparation Gx entre les données expérimentales (carrés) et les simulations (lignes pointillées) pour une longueur d'onde d'excitation à 785 nm et pour des nanobâtonnets de longueur a. L= 100 nm et b. L= 200 nm. Les images insérées montrent les valeurs absolues du champ électrique dans le plan XY.*

Figure 3.18 – *Représentation des simulations des intensités DRES relatives en fonction de la séparation entre les nanobâtonnets de longueur a. L= 100 nm et b. L= 200 nm et pour trois longueurs d'onde d'excitation : 785 nm (courbe verte), 660 nm (courbe rouge) et 632.8 nm (courbe noire). Les figures insérées dans chaque graphe agrandissent la zone de petites séparations (Gx de 2 à 10 nm). Les calculs ont été réalisés à au centre de la séparation et non à l'extrémité d'un nanobâtonnet.*

Liste des figures

Figure 3.19 – *Evolution des intensité DRES relative en fonction de la séparation Gx entre dimères de nanocylindres (a,b) et de nanobâtonnets (c,d). Les intensités sont directement comparables. Les nanocylindres de diamètres D=130 nm (carrés violets), 160 nm (carrés verts) et 130 nm (carrés noirs) ainsi que les nanobâtonnets de longueur L=100 nm (carrés noirs à droite) et L= 200 nm (carrés rouges) sont représentés. Les longueurs d'onde excitatrices sont 785 nm (a,c) et 632.8 nm (b,d).*

Figure 3.20 – *Evolution de l'intensité DRES relative en fonction de la séparation Gx entre les nanobâtonnets dont la longueur L varie de 100 nm à 900 nm et pour une excitation à 785 nm. Les droites entre chaque point expérimental ne sont la que pour guider la lecture.*

LISTE DES TABLEAUX

Tableau 2.1 – *Résumé des conditions requises pour obtenir l'intensité DRES maximale en fonction de la forme des nanoparticules et de la longueur d'onde d'excitation λ_0. Ces conditions sont valides dans le cas de la première approche définie dans le but d'optimiser l'intensité de DRES, c'est-à-dire, une longueur d'onde d'excitation fixée et une position de la RPSL variable.*

Tableau 2.2 – *Résumé des conditions requises pour obtenir l'intensité DRES maximale correspondant à la seconde approche : position de la RPSL fixe et longueur d'onde d'excitation variable.*

Tableau 2.3 – *Résumé des conditions requises pour obtenir l'intensité DRES maximale en fonction de la taille des nanoparticules et de la longueur d'onde d'excitation λ_0. Ces conditions sont valides dans le cas de la première approche définie dans le but d'optimiser l'intensité DRES, c'est-à-dire, longueur d'onde d'excitation fixe et position de la RPSL variable.*

Tableau 2.4 – *Résumé des informations concernant les nanobâtonnets étudiés. Les positions de la RPSL selon leur petit et grand axe ainsi que les facteurs d'exaltation moyen pour les deux longueurs d'onde d'excitation utilisé sont présentés.*

Tableau 2.5 – *Résumé des conditions requises pour obtenir l'intensité DRES maximale en fonction de la forme des nanoparticules et de la longueur d'onde d'excitation.*

Tableau 2.6 – *Positions des RPSL avec leurs variations maximales indiquées entre crochets, écart-types sur les intensités des RPSL et DRES avec le rapport entre le maximum et le minimum d'intensité indiqué entre crochets pour 6 formes différentes and 2 épaisseurs (50 nm et 80 nm).*

Tableau 3.1 – *Valeurs des constantes de couplages ainsi que des longueur de décroissance pour les cas de dimères de nanocylindres et de nanobâtonnets en fonction de leurs rapports d'aspects.*

Tableau 3.2 – *Facteurs d'exaltation moyens pour des rangées de nanobâtonnets de longueur L=100 nm et L=200 nm dans les cas couplés en dimère (Gx=10 nm) et non couplés (Gx=200 nm) pour une longueur d'onde d'excitation de 785.*

Oui, je veux morebooks!

i want morebooks!

Buy your books fast and straightforward online - at one of world's fastest growing online book stores! Environmentally sound due to Print-on-Demand technologies.

Buy your books online at
www.get-morebooks.com

Achetez vos livres en ligne, vite et bien, sur l'une des librairies en ligne les plus performantes au monde!
En protégeant nos ressources et notre environnement grâce à l'impression à la demande.

La librairie en ligne pour acheter plus vite
www.morebooks.fr

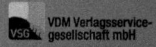
VDM Verlagsservicegesellschaft mbH
Heinrich-Böcking-Str. 6-8   Telefon: +49 681 3720 174   info@vdm-vsg.de
D - 66121 Saarbrücken   Telefax: +49 681 3720 1749   www.vdm-vsg.de

Printed by Books on Demand GmbH, Norderstedt / Germany